歴史を変えた100の大発見

PONDERABLES
100
BREAKTHROUGHS
THAT CHANGED HISTORY
WHO DID WHAT WHEN

丸善出版

PONDERABLES

100 Breakthroughs That Changed History

PHYSICS

An Illustrated History of the Foundations of Science

by

Tom Jackson

Originally published in English under the title: Physics in the series called Ponderables: 100 Breakthroughs that Changed History by Tom Jackson.

Copyright © 2013 by Worth Press Ltd., Cambridge, England
Copyright © 2013 by Shelter Harbor Press Ltd., New York, USA

All rights reserved. No part of this publication may be reproduced, stored in a retrieval system, or transmitted, in any form or by any means, electronic, mechanical, photocopying, recording, or otherwise, without prior written permission from the publisher.

Japanese language edition published by Maruzen Publishing Co., Ltd., Tokyo.
Japanese copyright © 2017 by Maruzen Publishing Co., Ltd.
Japanese translation rights arranged with Worth Press Limited through Japan UNI Agency, Inc., Tokyo.

Printed in Japan

物理

探究と創造の歴史

トム・ジャクソン 著　　新田英雄 監訳

ヴォルフガング・フォグリ，フォグリ未央 訳

丸善出版

目 次

はじめに　2

科学の夜明け

1 自然を説明する　6
2 科学の父，タレス　8
3 原子—その小さい始まり　9
4 四大元素，そしてさらに多くの元素　10
5 「ユーレカ！」アルキメデスの原理　12
6 機械の発明　14
7 光線を見る　15
8 力学　16
9 力と慣性　16
10 人工の虹　17
11 オッカムの剃刀　17
12 インペタスで勢いをつける　18
13 潮汐の理論　18
14 磁石を理解する　19
15 屈折の法則　20
16 ガリレオと落下　21
17 圧力を加える　22
18 振り子　24
19 フックの法則　25
20 気体の法則　26

科学革命

21 ニュートンの法則　28
22 光の理論　30
23 「飛ぶ少年」と電気　31
24 温度目盛り　32
25 ライデン瓶　32
26 見えない熱　34
27 火と物質　34
28 電荷を測る　36
29 地球の重さを測る　36
30 カエルの脚とボルタの柱　38
31 原子論　40
32 光は波である　42
33 可塑性と弾性　44
34 電気と磁石の出合い　44
35 熱電効果　46
36 熱機関　46
37 ブラウン運動　47

古典物理から現代物理へ

38 電流の誘導　48
39 ドップラー効果　49
40 熱力学の最初の法則　50
41 熱の仕事当量　51
42 エネルギーは一つ　52
43 絶対温度　52
44 光速に挑む　53
45 分光学が示す重要な情報　54
46 マクスウェルの方程式　55
47 高温から低温へ　56
48 気体に電気を流す　56
49 ボルツマンの方程式　57
50 テスラと交流電流　58
51 マッハと超音速　60
52 エーテルを探す　61
53 無を通る波　62
54 未知の放射線X　63

原子のなかへ

55	放射能	64
56	最初の原子内粒子	66
57	プランク定数	67
58	無線の遠距離受信	68
59	キュリー夫妻	70
60	アインシュタインの驚異の年	71
61	特殊相対性理論	72
62	正電荷をもつものの正体	74
63	電子1個の電荷量	76
64	霧箱	77
65	超伝導体	78
66	宇宙線	79
67	量子の原子	80
68	一般相対性理論：時間と空間	82
69	陽子	83
70	波と粒子の二重性	84
71	排他原理	85
72	力を運ぶボソン	85
73	不確定な宇宙	86
74	ガイガーカウンター	87
75	反物質，同じだけれど違うもの	88
76	加速器	88
77	電子顕微鏡	90
78	中性子—最後の構成要素	90
79	陽電子—新たな謎	91
80	行方不明の物質	92
81	室内の稲妻	93
82	スピード違反の光—チェレンコフ放射	94
83	エキゾチック粒子	95
84	超流動	96
85	核分裂	96

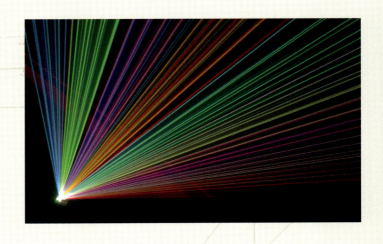

現代物理学

86	QED：量子電磁力学	98
87	トランジスタ	99
88	ビッグバン	100
89	泡と火花	101
90	もう一つの大爆発—アイビー・マイク	102
91	メーザーとレーザー	103
92	ニュートリノの香り	104
93	クォーク，その魅力と不思議さ	105
94	標準模型	106
95	ひも理論	108
96	ホーキング放射	109
97	暗黒エネルギー	110
98	ヒッグス粒子を探して	111
99	宇宙のインフレーション	112
100	重力波	112
101	物理の基礎	114
	まだ答えが見つかっていない問題	122
	偉大なる物理学者たち	126
	監訳者あとがき	136
	索　引	137
	物理の歴史年表	147
	図の出典	148

はじめに

物理学はすべての科学の基礎である。物理がなければ，ほかの知識すべてが砕け，崩壊するだろう。現代では自然を極微のスケールで研究できるようになったが，物理学において解明すべきことはまだたくさんある。

考える価値のあるもの

本書には，偉大な思想家の思考と行いが織りなす，すばらしい物語を全部で百話集めた。ひとつひとつの物語は，考える価値のある重要な問題をわたしたちに問いかける。考える価値のあるものとは世界の見方を変えてしまうような大発見であり，世界のなかでのわたしたちの立ち位置を変えるものである。

知識は完全な姿では現れない。研究を重ね証拠を検討して，知識を追加していく作業を繰り返す必要がある。最先端の見解も，後になってまったくのまちがいであり，あやしげでばかげた考えにすら見えることがある。しかし，きわめて高度な科学・技術が相互に関連しあって成り立っているわたしたちの世界は，こうした考える価値のあるものの上に成り立っている。これらの考える価値のあるものは，一歩一歩成長し変化し，より明確な真実の姿に迫っていくのである。

物事の本質

物理の物語は自然を探究していく物語である。実際，英語のphysics（物理）は古代ギリシア語の「自然」を意味する言葉から来ている。文明が始まって以来，人間は，空気，水，土は何からできているのか，それらは地上から遠く離れた天界できらめいている星とどのように関係するか不思議に思ってきた。地上の世界は絶え間なく変化しているように見える

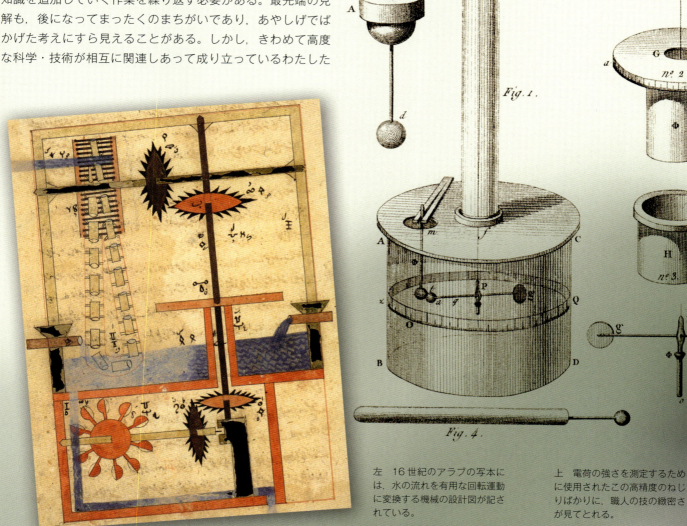

左 16世紀のアラブの写本には，水の流れを有用な回転運動に変換する機械の設計図が記されている。

上 電荷の強さを測定するために使用されたこの高精度のねじりばかりに，職人の技の緻密さが見てとれる。

一方，天界は，当初，不変なもののように見えた。

　物理学を開花させる種子となったものは，岸に打ち寄せる海の波から海面で反射する星の光まで，宇宙のすべてはただ一組の法則で支配されるという考えである。この直観は，何世紀もの思考と実験，そして多くの偶然の発見により正しいことが示されてきた。遠く離れた銀河系にある星のふるまいも，スーパーコンピュータを流れる電気の動きも，物理の普遍法則で理解できる。この驚異的な適用範囲が，物理を根本的な科学にしている。

物理の子ら

　ここで，いくつか科学の名前を挙げてみよう。化学，生物，地質学……このほかにも科学分野はまだまだある。それぞれの科学分野は誇り高い歴史をもち，わたしたちの知識体系に計り知れないほど重要な貢献をしている。しかし，これらのすべての科学分野にとって，新しい知見にたどり着くための基盤として，物理は欠かせない。

　化学は，自然のものか人工物かを問わず，わたしたちの世界を構成する何百万もの物質の構造を説明する。そのために，物理で記述される原子を使って，原子がどのように化学反応にかかわるか，つまりどのように化学結合したり解離したりすることにより，地球上に見いだされる多くの物質が形成されるのかを調べる。生物学は，宇宙でもっとも複雑なシステムである生物がどのように生まれ，活動するかを明らかにする。生物学で生体を維持するエネルギーの流れを追跡する際に用いられるのは化学である。地質学は，硬い大地が実は動いていることを教えてくれる。その根拠として，熱学，音響学，物性といった物理の知識を動員し，どのように地球内外の巨大な力が絶えず地球表面を作り変えているのかを示している。

　それでは，もっとも強力な科学である物理がどのように神話や当てずっぽうの推量から生まれ，あらゆる科学知識の基礎になっていったかを見ていこう。

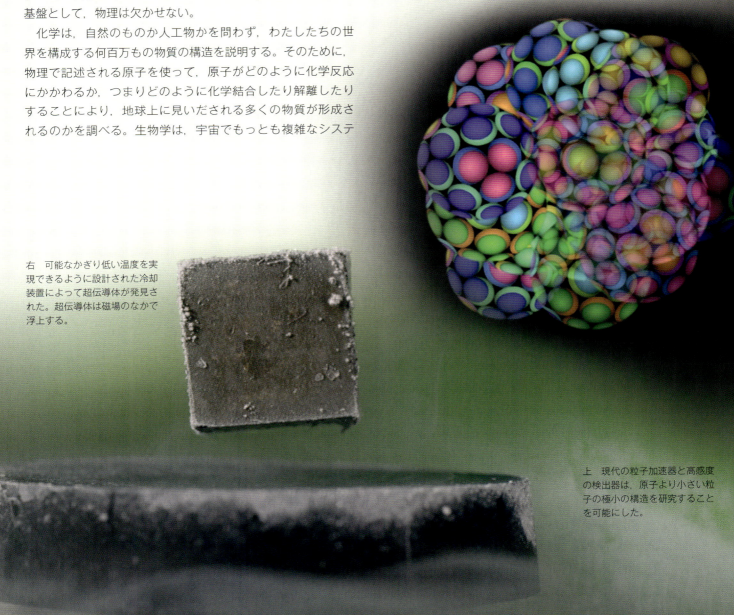

右　可能なかぎり低い温度を実現できるように設計された冷却装置によって超伝導体が発見された。超伝導体は磁場のなかで浮上する。

上　現代の粒子加速器と高感度の検出器は，原子より小さい粒子の極小の構造を研究することを可能にした。

物理の各分野

　ほかの学問と同じく，物理は特定の研究領域を専門とする一連の分野に分かれている。一方，ほかの学問と違って，物理の分野は古典物理学と現代物理学の二つのグループに分類できる。その名のとおり，古典物理学は現代物理学の前に発達した。科学では一般的に新しいアイデアは古いものに取って代わるが，現代物理学は古典物理学とは違う原理に基づくので住み分けができており，どちらも正当な研究領域として存続している。

古典力学
異なる質量の物体が加えられた力に応じてどのように動くかの研究

電磁気学
電荷，電流，磁気，そして可視光，電波，X線といったさまざまな電磁波の研究

統計力学
目に見えない分子や原子の運動をモデル化するための数学的手法

下　熱と仕事の関係を測る装置

古典物理学

　学校で学ぶ昔ながらの物理。身のまわりにある現象，物体の運動，機械でのエネルギー伝達，電気や音の発生などを扱う。19世紀末には，古典物理学は科学のすべての謎を解いたと信じた人もいた。1910年，現代的理論の出現によりこの考えが大きな誤りであることが証明された。

音響学
あらゆる媒質内を伝搬する音波の研究

光学
光の性質と光線のふるまいの研究

熱力学
物質のなかの熱の伝わり方，熱が運動や光などのほかの形態にどのように変換されるかの研究

物性
さまざまな物質とその性質がどのように異なっているかを理解する研究

相対性理論
運動している質量が時間・空間とどのように相互作用するか

量子力学
原子などのミクロな物質の構造やふるまいの研究

下　核融合による爆発

原子核物理学
原子より小さい微小な粒子や原子核の研究

現代物理学

　20世紀初期に物理学が成熟するのにつれて，小さな誤差でも重要になる極限的な条件では古典物理学に破れが生じることがわかった。相対性理論は時間と空間を巨大なスケールで説明するために発達した。一方，量子力学は物質を極微のスケールで研究する。21世紀物理の壮大な夢は，この二つの理論を統一することである。

物性物理学
物質を，そのなかの原子と分子がどのように機能しているかを量子力学の観点から理解する。

素粒子物理学
物質を構成する基本粒子のふるまいや粒子間にはたらく力を説明する。

天体物理学と宇宙論
天文学と共有している分野で，現代物理学の理論を用いて，星のふるまいや宇宙の形成を説明する。

科学の夜明け

1 自然を説明する

「はじめに」でも述べたことであるが，英語の physics の語源がギリシア語で「自然」を意味する言葉であることをここでもう一度強調しておきたい。人間は，自然を研究する能力を自然にもっているのだ。

捕食し，捕食されるすべての生き物と同じように，原始時代の人類は絶えずまわりを警戒していただろう。わたしたちは，まわりの環境を事細かに観察し，次に何が起こりそうかを見極める。そのために，過去の経験，つまり前回に何が起きたかに頼る。しかし人間には，関連していない知識を取り出して，新たな状況に当てはめるといった水平思考も可能だ。つまり，わたしたちは，まだ起きていない出来事，起きないであろう出来事，また起こりえない出来事を想像することができる。

決断，また決断

人間は，巨大な脳をもっている。この脳は，膨大な数の決断をすばやく行えるほか，新しいことに絶えず興味を示す。（好奇心があるおかげで，人間は，おそらく何かが必要になる前にも，そのものを見つけることができる。）また，ある場所が，四季を通じてどのように変化するかなどを頭のなかに描くこともできる。しかし，何よりも，わたしたちは脳を使って，仲間と協力し，仲間から生存に必要な情報を得ることができる。誰かが間違いを犯し，その後生きてその話を仲間に伝えれば，人間は二度と同じ誤りは犯さないだろう。人間はお互い成功と失敗の知識を共有することで，自らの経験から学ぶだけでなく，他人の経験からも教訓を得る。

ヒエロニムス・ボッシュの「エデンの園」。エデンの園の話のなかには，アダムとイヴが初めて羞恥心を抱いた際の堕罪が描かれている。堕罪は，人間が「心」という概念を理解した瞬間を暗示しているといわれている。わたしたちはみな，自分の考えはまわりの人間の心のなかのものとは違う，ということを知っている。人間以外の動物に，心の存在を理解しているものはいるだろうか。わたしたちはそうは思わないが，動物はもしかしたら人間についてもそのように考えているかもしれない。

欠点のあるオリュンポスの神々

一般的に，天地創造はすべての答えをもつ全能の神によってなされる。神話の信憑性を疑うということは，神そのものを疑うということである。しかし，古代ギリシア人は，オリュンポス山（実在する山）に住む神々を崇拝していたが，オリュンポスの神々は，頻繁に恋に落ちたり，戦ったりと非常に人間的で，万物を統制しているようには見えなかった。こうした背景があってこそ，ギリシアの哲学者らは宇宙について大きな疑問を投げかけることができた。ここから科学の歴史が始まったのである。

人間味あふれるオリュンポス山の神々が家族の肖像画のためにポーズをとっている。

疑問，また疑問

何世代にもわたり伝えられ蓄積された英知は，文化を形成する。文化とは，多くの重要な問いに答えてくれる知識と伝統の集合である。たとえば，一年のある時期にどこで食物を見つけることができるのか，作物が実をつけるまでにどれくらいかかるか，川の氾濫はいつ起こるのか，などである。しかし，なかには経験だけでは答えられない問いもある。この世界はどこから生まれて来たのだろうか，という問いもその一つだ。

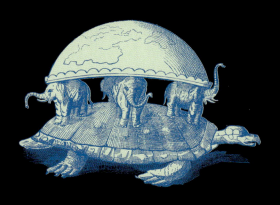

インドと中国の創造神話に頻繁に出てくる世界や空。天は、通常、巨大な象や長くしなやかな蛇、頑丈な亀などの動物に支えられている。

天地創造の理解と自然の理解

　世界の全体像を作り上げる際にも、古代の人々は普段どおりの思考をした。ありえそうな答えを想像したのである。わたしたちの文化的な知恵は、完全な世界観のなかに縫いこまれた。この世界観は、餓えを回避するために必要なことを教えてくれるばかりか、人間に自然のなかでの居場所を与え、またその自然がどこから来たのかを説明した。

　文化の数だけ天地創造の神話がある。中央アフリカのブションゴ族は、宇宙は偉大なブンバの嘔吐物から形成されたと信じている。そのほかにも、世界は母（と場合によっては父）なる自然から派生したものであるとする神話や、自然界の秩序は混沌から生まれたとみる神話もある。もっとも有名な神話である『創世記』は、どのように自然すべてがまったくの無から創造されたかを説明する。神話のどれにも確固たる証拠はない。こうした状況で物理の物語は始まった。

　ある意味、物理は神話のような天地創造の物語である。現在のところ、宇宙は無から創造されたというのが物理の見解である。神話との違いは、物理の物語は細部にいたるまで検証された証拠に基づいており、どの物語もいつでも変更される可能性があるということである。それでは、物理の物語が何を教えてくれるか見ていこう。

ピラハ族

　1980年に、米国の人類学者のダニエル・エベレットは、ブラジルのピラハ族の神話をこう記した。「何もない」と。ピラハ族は、彼らが経験することだけを信じており、他者が話す出来事は自分自身で経験していないかぎり信じない。彼らは知識の蓄積をまったくせず、隣の部族から新しい物を単に購入するだけである。

2 科学の父，タレス

科学の始まりがあるとすれば，それは物理である。物理の発祥地があるとすれば，それは古代ギリシアであり，さらにいうとミレトスという都市であった。ミレトスには，近代的な科学の父と見なされるタレスが住んでいた。

タレスの業績は大きな影響を与えたが，人物についてはほとんど知られていない。

紀元前6世紀から7世紀にかけて生きたタレスは，歴史上，謎の多い人物である。彼の著作物は一つも残っていないが，多くの後世の哲学者の著作物は必ずタレスに行き着く。タレスは，古代ヘレニズム文化に属するという意味ではギリシア人であるが，現在のトルコの西部沿岸部にある都市に住んでいた。この都市が当時の貿易ルート上にあり栄えていたことからすると，タレスはエジプトやバビロンの古代文明の影響を受けたに違いない。おそらく彼自身，それらの古代文明の地に旅したこともあったのではないだろうか。タレスを科学者と呼べるのは，歴史的な意味においてのみである。彼は，神秘主義的な推論を避け，観察できたことのみから自然現象の原因を探った，記録に残る最初の人物である。ただ，わたしたちの知る科学に発展するまでにはさらに2000年を費やした。

現代において理解されていることから見れば，タレスの自然の大理論は子どもっぽく見える。まず彼は，宇宙は何からできているかを決めた。タレスは一元論者であり，すべてのものは一つの物質，水からできていると信じた。その根拠は，水のみが三つの独特な特性をもっているということだった。水は，生命に欠かせないものであり，動いて流れることができ，形を変えることができる。

タレスは，幾何学の分野において，より大きな影響を及ぼした。（彼の名前に由来する三角形の定理（タレスの定理）がある。）また，彼の日食を予測する能力は近隣の王国間の戦争を終結させるのに役立ったといわれる。

七賢人

タレスは，ギリシアの七賢人（現代の世界の基礎を作ったといわれる紀元前7世紀から6世紀の哲学者，政治家，法学者）の一人である。残りの六人は，リンドスのクレオブロス，アテネのソロン，スパルタのキロン，プリエネのビアス，ミュティレネのピッタコス，コリントスのペリアンドロスである。

ひげを生やした胸像をもとに作成された19世紀の絵画には，想像上の宴会に集まった七賢人（と数人の客）が描かれている。一番右に座っている人物がタレスと思われる。

3 原子
―その小さい始まり

現代の物理学者の多くが，原子のなかで起きていることを垣間見ることに人生を捧げている。このことを知ったら，2400年前におおまかな原子の性質を述べたギリシアの哲学者デモクリトスはにやりとするに違いない。結局，彼はほとんど正しかったのだから。

タレスの弟子の一元論者らは，ひねくれた論客であった。たとえば，紀元前5世紀のパルメニデスとの会話はこんな感じだっただろう。「宇宙のすべてのものは一つの『もの』から作られており，『無』が存在するというのはありえない。『もの』が動くには，あらかじめ『無』で満たされた場所を占拠しなければならないが，すでに言ったとおり，それは不可能だ。したがって，わたしたちが目にする動きや変化はすべて幻なのだ。」

小さな変化

この堂々巡りの論理の誤りを証明するために唱えられた新しい理論が「原子論」で，レウキッポスが創始し，トラキア地方に住む弟子のデモクリトスが完成させた。

原子論によると，物質（もの）は無限に分割することはできない。最後に行き着くのは，微小で目に見えない，分割できない「原子」であって，すべてのものは原子から組み立てられている。（原子という言葉は，古代ギリシア語の「分割できない」という意味の言葉に由来する。）そして，自然界に見られる変化のすべては，単に原子が再配置された結果である。物質は二つ以上の構成要素によって成り立っているという考えは，一元論者によっても完全には潰されなかった。デモクリトスは，原子は同質である必要はないと提案し，物質の巨視的な特徴は，その物質を構成する原子の微視的な性質により説明できるとした。たとえば，液体の水は，なめらかで丸みを帯びた原子で構成されるので，その原子はお互いを容易に通り越して流れる。固体物質は，ホックのついた原子がお互いくっつき合ってできている。塩の原子は特に先端がとがっており，その形状が塩に辛味を与えている。魂でさえ，原子でできている。魂の原子は非常に小さいので，固体をも通り抜けられる，といったふうである。しかし，この原子論には証拠がなかったので，1800年代になるまで原子は単なるアイデアに留まった。

レウキッポス
原子の概念は，最初デモクリトスの師であるレウキッポスによって提唱された。彼は，デモクリトスがまだ子どもだったときに亡くなっている。レウキッポスは，原子は不規則に動くと提案したが，デモクリトスは異なる見方をし，すべての動き，形状，変化は，原子の特徴的な相互作用の結果だとした。

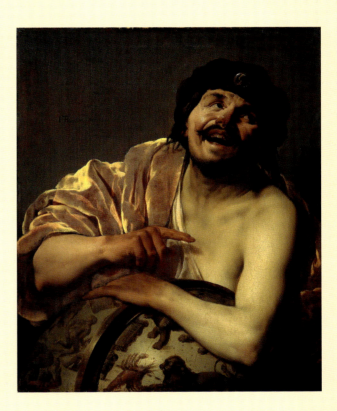

デモクリトスは，笑う哲学者とも呼ばれ，愉快な人物として記録されている。オランダの巨匠ヘンドリック・テル・ブルッヘンが1628年に描いたこの肖像画からは，大酒飲みのようにも見える。

4 四大元素，そしてさらに多くの元素

この16世紀ヨーロッパの木版画は，男と女，薬，性格，そして天然の物質が，すべて四大元素の宇宙のなかで結びつくことを表している。

「すべては水である」というタレスの一元論に後続の哲学者は満足しなかった。その代わりに彼らは，宇宙が複数の基本的物質，つまり元素から構成されているという，より基礎的で素朴な直観に頼った。

それらの哲学者のなかでも，現代の物理へと続く道筋をつけたのは，紀元前4世紀のギリシア人哲学者アリストテレスであった。アリストテレスはプラトンの弟子である。これらの偉大な西洋の思想家二人が，プラトンのアカデミアであるアテネのオリーブ園で議論していた頃には，宇宙は氷，水，蒸気の無限の渦であると主張する一元論の概念はもはや注目されなかった。その代わりに，メソポタミアやエジプトの文明にまでさかのぼり，インドや中国の文明にも共有された古い考えが採用された。紀元前5世紀にエンペドクレスはこの思想をギリシア風に作り変えた。自然は確かに基本要素からできているが，水は四つの基本要素のうちの一つに過ぎず，残りの三つは土，空気，火であるとした。これらの物質はギリシア語で「基本要素」を意味するストイケイオンと呼ばれたが，のちにラテン語で「基本的なもの」を意味するエレメントゥム（元素）として知られるようになった。

ニコラウス・コペルニクスが，地球が太陽を回ることを示す証拠を1543年に発表してから10年以上過ぎても，このポルトガルの宇宙地図はアリストテレスの地球を中心とした「球のなかの球」に基づいたままだった。

万物の本質

この考え方によると，あらゆるものはこれらの元素が二つ以上混合されてできたものである。観察された物事の本質を説明するには，少なくとも四つの元素が必要であった。湿気は水の証拠であり，熱は火に起因し，柔ら

第五の元素

すべての面，辺，角度が等しい三次元の立体を正多面体という。もっとも身近な例は立方体であるが，それ以外に正四面体，正八面体，正十二面体，正二十面体がある。これらはプラトンの立体として知られているが，その理由の一つにプラトンはこれらの完全で少数の立体は宇宙の構造物と結びついているに違いないと思っていたことが挙げられる。それゆえ，彼は前者の四つは四大元素の形であると提案した。しかし，五つ目の正二十面体は何であろうか。四大元素のあいだの空間を埋め，すべてをすり抜けて満たしているエーテルであろうか。第五の元素のアイデアはなかなか放棄されず，この概念は20世紀に入っても提案されていた。

ローマ法王の宮殿にラファエロが1511年に描いた『アテナイの学堂』の一部。このなかで，プラトン（左）とアリストテレス（右）は中心人物として多くの偉大な思想家—ほとんどはキリスト教徒ではないが—に囲まれている。プラトンは上方を指さしている。というのも彼は，この世界は感知できない「形相（エイドス）」を基盤にしていると信じているからだ。一方，アリストテレスは，腕を前方に伸ばしている。彼にとっては，今この場にある触って確かめられる物体がすべてである。

中国における変化

基本元素は西洋だけの概念ではなかった。古代中国の思想では，土，火，木，金，水の五つの元素があったが，空気は含まれていなかった。この「元素」という言葉は，ここでは誤解を招くかもしれない。これらの五元素は基礎ではあったが，中国の世界観ではむしろ成長と死と再生の果てしない循環の段階を表していた。木は燃えて火を生み，火は土（灰）を作りだす。土は金属（鉱石）を含み，金属（水を通さない容器）は水を運び，そして水は木の成長を促す。

かいものは空気で満たされ，硬いものは土からできている。この考え方は医学にも拡大された。人は，空気を豊富に含む血液が多いと楽天的であまり深く考えない多血質になる。水（つば）が多いと冷静だが優柔不断になる。黄胆汁は火のような気質を作り，黒胆汁に含まれる乾いた冷たい土は憂うつを生む。近代科学以前の医学では，これらの四つの「気質」が調和すると健康になると考えられた。

層状の宇宙

エンペドクレスは元素が愛の力によって結びつき，争いによって引き離されると述べた。そして，調和を求めたこの永遠の戦いが宇宙での変化をもたらす，とした。プラトンは，物質界は感覚の幻で，四大元素は実際は完全で不変な形であると信じた。ここで登場したのがアリストテレスであるが，単純にいうと，彼はこの二つの考え方を融合させた。

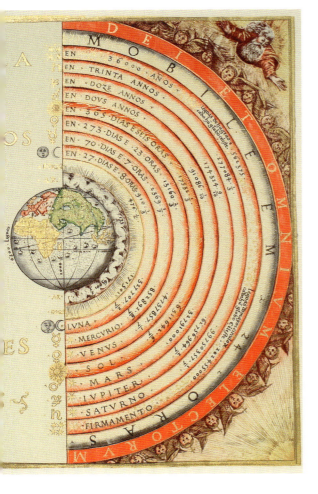

彼にとって，変化とは元素が純粋さを求めた結果であった。またアリストテレスは，地球が層状であることをふまえ，そこから宇宙全体の姿までを推定した。一番下の層は，わたしたちの足の下の岩を形作る土である。その上に海を作る水，次に空気，そして最後に地球を取り囲む火の輪の層がある。雨は，この体系のなかで水が自分の居場所を探す結果で，溶岩は土から脱出した空気と水と火の混合物であった。人間界の四大元素は月にまで及んだ。そして，絶えず拡大する同心球の殻でできた層を越えたところに，太陽，惑星，星があり，これらはエーテルという天の第五の元素からできていた。アリストテレスの宇宙像はいかにももっともらしく思われたので，1900年ものあいだほとんど疑われなかった。

5 「ユーレカ！」アルキメデスの原理

アルキメデスは，古代のどの科学者よりもさまざまな面で世界を変えた。彼のもっとも有名で偉大な発見は，入浴中になされた。

どのようにして固体は液体に浮かぶのか。これは，わたしたちが身のまわりの現象についてもつ疑問のなかでも上位に来るものである。しかし，その答えは，自然を理解しようという意気込みからではなく，不正を疑った結果として見いだされた。この話の舞台は，シチリア島の東海岸にあるギリシアの植民地シラクサの公衆浴場であった。そこがまさしく，古代世界のもっとも偉大な科学者であり発明家でもあるアルキメデスが，世界初の「ユーレカ！」の瞬間を体験した場所であった。ユーレカとは「わたしは見つけたぞ！」という意味だが，アルキメデスは何を探していたのであろうか。

このよくできた逸話は，出来事から150年ほど経った紀元前15年に，ローマの技術者でアルキメデスの信奉者であったウィトルウィウスによって記された。シラクサ王のヒエロン2世は神への捧げものとして金の冠を所望した。しかし，王は購入した冠が純金ではないのではないかと疑った。そこで，シラクサ随一の賢者であるアルキメデスに，この問題について相談した。アルキメデスは，聖なる冠を溶かすことも切り開くこともできないので，それに代わる検査法を探した。

1547年作のこのユーモラスな木版画は，ユーレカ！の瞬間をうまく表現している。アルキメデスが，金属のおもりと大切な冠が無造作に置かれた浴場で風呂に入ろうとしている。入れ子状に重ねられた二つの桶に注目しよう。外側の桶は，内側にある桶のなかに沈めた物体によってあふれ出た水を集めるための桶である。

入浴のとき

アルキメデスは，冠の密度（体積あたりの質量）を計算しなければならなかった。冠

円周率の計算

円周率πは，円の直径と円周の比率を表す。これらの二つの長さの比は分数で表せないため，この比率の測定は困難である。バビロニア人は3.125（3と1/8）という近似値を使い，エジプトでは円周率を256/81（約3.16）とした。アルキメデスは，この問題を解決するためにギリシアのもっとも強力な「道具」である幾何学を用いた。彼は，円が無数の小さな辺をもった多角形であると想像した。単純な多角形の辺の数を少しずつ増やしながら外周を計算すれば，円周の正確な長さに少しずつ近づいていき，円周率を計算することができるはずだ。彼は，円に内接および外接する二つの正多角形を考え，それらの外周を求めた。正六角形から始め，正九十六角形になるまで，辺の数を2倍にする作業を4回行った。その結果，πの値が3.140845と3.142857のあいだにあることを導きだした。それから500年間，これを上回る精度の円周率は出現しなかった。

円を正多角形に変換し，その辺の数を増やしていけば，外周の長さは円周の値に近づいていく。ただし，決して真の値にはならない。

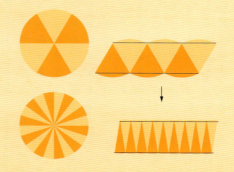

と純金の密度を比較すれば，ヒエロン王の問いに答えることができるだろう。いい伝えによるとアルキメデスは，ある日，風呂に入ったときに自分の体の分だけ水かさが増したのを見て，思いついたという。冠を水のなかに沈めれば，冠と正確に同じ体積の水が押しのけられるだろう。冠の体積を質量で割れば，密度を求めることができる。ユーレカ！

この液体の変位を利用した方法のおかげで，老獪なヒエロン王が実際には欺かれていたことが判明した。この冠が実は金と銀の合金で作られていたことが，冠の密度によって示されたのであった。

ものが浮かぶ仕組み

アルキメデスはこの研究テーマをここで終わりにしなかった。紀元前250年頃，彼は著作『浮体の原理』において，次のように述べた。「浮かんでいる物体は，その重さに等しい分量の液体を押しのけている。」より詳しい説明は，今ではアルキメデスの原理として知られている。「物体にはたらく浮力は，その物体が押しのけた液体の重さに等しい。」物体が押しのけた液体の分量は，液体に沈んでいる物体の体積に等しい。したがって，物体全体と同体積の水の重さが，物体の重さとちょうど等しい場合，その物体は浮かびも沈みもせずに水中を漂う。そのとき，物体は水と同じ密度をもつ。物体の重さが，同体積の水の重さより重い場合，その物体は沈む。浮力が重力（物体の重さ）に十分に対抗できないからである。逆に，物体の重さが同体積の水の重さより軽い場合，物体は水の上に浮かぶ。後世の学者が気づいたのであるが，アルキメデスは，物体が運動するか，浮かんでいるときのように静止するかは，反対を向いた二つの力の大小関係で定まることを発見していたのである。実際この発見は，物理学における非常に強力なアイデアであった。

アルキメディアン・スクリュー

これは画期的な装置であるが，実はアルキメデスが発明したわけではない。この装置は，ヨーロッパに伝わりアルキメデスの名前がつけられる以前に，おそらく最初にエジプトで開発され，バビロンの空中庭園の水やりにも使われたと考えらえる。アルキメディアン・スクリューは重力に逆らい，水を上方へ流れさせているように見える。しかし，これは単純な機械を組み合わせたもので，外側の筒の内側には，細い円筒のまわりに板をらせん状に取り付けたスクリューがある。内側の円筒を回転させると，水が少しずつねじれのあるスクリュー板を伝わって上に移動する。それはまるで魔法で水を頭頂部からあふれ出させているように見える。

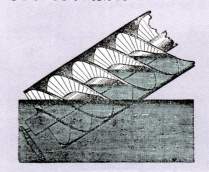

下の模式図は，アルキメデスのユーレカ！体験によって解決された元の問題を表している。もし，冠が純金でできていれば，同じ重さの金塊と同じ浮力をもつはずである。しかし，この冠が金塊よりも大きな浮力を受ければ，それは金塊よりもより多い水量を押しのけている（体積が大きい）ことになり，冠が安物で密度の小さい金属でできていることを示す。

「金」の冠（疑わしい）　　金塊

この冠は，金塊よりも大きな浮力をもつ。

6 機械の発明

物理はすべての科学の基礎であるだけでなく，科学技術の源でもある。科学を応用した初期の機械の一つは，ギリシアの偉大な文化遺産である劇場で使われた。

ギリシアの発明家は，最初の機械工であった。マシン（machine）という英語は，ギリシア語のメカネ（mechane）に由来する。メカネとは，神などに扮した俳優を舞台の上方に持ち上げるために，上演中に使用された装置だ。メカネの設計図は残っていないが，大きなレバーと単純な滑車を組み合わせたものを使用していたと推測されている。メカネは，少なくとも紀元前4世紀から使われ始めた。複滑車を発明し，冗談まじりに「十分に長いレバーをくれたら世界を持ち上げて見せるよ。」といったといわれるアルキメデス（紀元前3世紀）の登場よりも前のことである。アルキメデスは，ポエニ戦争中，ローマの襲撃から彼の住む都市を防衛するために，自分で発見したことを実用化した。「船を震えあがらせる」発明，アルキメデスの鉤爪（シップ・シェイカー）には，彼の発見すべてが利用されている。その装置に付けられた鉤爪を船にひっかけ，滑車とレバーの作用を利用すれば，敵船の片端をもち上げるか傾けることができる。すると，もう一方の端に水が流れ込んで浮力に変化が生じ，敵船は海底に沈んだ。

ヘロンの「アイオロスの球」は，曲がった噴射口二つがそれぞれ正反対の位置に取り付けられた真ちゅうの球体であった。下部に設置されたボイラーから生じた水蒸気が球に送られて噴射口から噴き出され，球体を回転させる。この装置は，15世紀後にニュートンが定式化した普遍的な運動法則の一つである力の作用・反作用を利用している。もちろんヘロンは作用・反作用の法則を知らなかった。

反作用を生み出す

アルキメデスを受け継いだのは，1世紀に生きたアレクサンドリアのヘロンである。注目に値する彼の装置の一つは，風力を利用してオルガンを演奏する「風車オルガン」であった。別の装置には，コインで作動する神殿の自動販売機がある。硬貨の重みがレバーを押し上げ，その結果少量の聖水が出てくる仕組みになっている。しかし，ヘロンの業績でもっとも有名なものは，ある種の「蒸気機関」の発明である。この装置は，蒸気の噴射で回転するようになっている。つまり，その装置は反作用を利用した機関であり，ロケットの噴射口のようなはたらきをする。ヘロンは，自分の好奇心を満たす以外に自身の発明をほとんど役立てることはしなかった。しかし，物がどのように動くかについての好奇心が，やがて，力学—力と運動の物理—という科学分野に結びついていくのである。

機械化

古代ギリシア人は，オートマタと呼ばれる機械仕掛けの人形を愛した。これらの人形はハンドルを回すと動く。アレクサンドリアのヘロンが10分間のオートマタ劇を作ったが，このオートマタの劇が完全な機械仕掛けの鍛冶職人というアイデアのもとになったかもしれない。この装置では，水力を利用してオートマタに金属をハンマーで打つ動作をさせている。

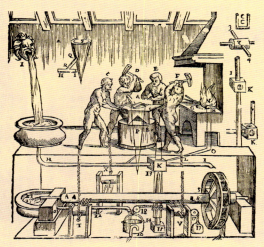

7 光線を見る

「百聞は一見にしかず」というが、どのようにして自分の目を信用することができるだろうか。この疑問に答えてくれたのは、11世紀のカイロで幽閉されていたアラブ人学者である。

イブン・アル＝ハイサム（ラテン語でアルハゼンとしても知られる）は、21世紀になっても多くの人がいまだにできていないことをやってのけた。占星術と天文学を区別したのである。前者の占星術は証拠を欠き、後者の天文学はもっぱら天空での光の動きに頼る。光の研究によってアル＝ハイサムは多くの人に知られることになった。

イラク生まれの学者であるアル＝ハイサムは、1011年にファーティマ朝のカリフ（イスラム国家の指導者）によってカイロに召喚された。彼がいい渡された仕事は単純であった。「ナイル川にダムを作れ。」いうのはなんともたやすいが、現地調査をしたアル＝ハイサムはこの事業が不可能だと悟り、その当時地球上でもっとも権力をもつカリフの怒りを受けずに仕事から降りるため、正気を失ったふりをした。

13世紀にポーランド人のウィテロによりアル＝ハイサムの『光学の書』の改定版が出版された。これはそのタイトルページのイラストで、アルキメデスの「熱線」の放出が描かれている。いい伝えによると、アルキメデスは銅製の放物面鏡を使って、太陽光線をローマの艦船上に集めて火をつけたという。アル＝ハイサムの本は、湾曲した鏡の光学を詳細に論じている。

直線の光

アル＝ハイサムは、その後10年間自宅に軟禁されていたが、『光学の書』として出版された書物を手掛けたのもこの頃であった。著書のなかで、アル＝ハイサムは、最初の一つとして数えられる科学実験によって、光は直進することを証明した。彼は、中空の筒を通る光を観察した。その際、筒の端をさえぎると、光はもはや見えなくなった。当たり前のように思えるが、光がただ一つの直線の経路をとって目に届くということを初めて実験に基づいて証明したのであった。この証明により、アル＝ハイサムは幾何学を用いて光線を表すことができた。このことは、科学に数学が使われた初期の一例である。

このときまで、ものが見えるのは目から光線のようなものがまっすぐ出て物体に当たるからだとか、物体が自らと同一の像を目に送り込んでいるからだと考えられていた。アル＝ハイサムは、この二つの説を融合して正しい説明をしたといえる。光は、物体から出発し直線を描いて目に入り、眼球の裏側に像を作り上げる。

カメラ・オブスクラ

カメラ・オブスクラ（部屋サイズのピンホール・カメラ）を最初に説明したのもアル＝ハイサムである。彼は、これと同じ効果を自然のなかにも見いだした。たとえば、まだら模様の森の地面に葉の隙間から差し込んで映る太陽などである。彼は、ピンホールが小さいほうがより質のよい画像を作りだせることも指摘した。

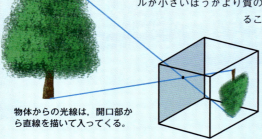

物体からの光線は、開口部から直線を描いて入ってくる。

入射した光線は、カメラ（部屋）のなかで上下逆さまの像を作りだす。

8 力　学

　物理は，宇宙は法則に従って機能するという直感に基づいている。12世紀にイスラムの学者は，ものを動かす法則は，ものを静止させる法則でもあると論じた。

　14世紀ものあいだ，アリストテレスの運動理論を疑う学者はほとんどいなかった。この理論は，運動している物体がその先端で空気を切り裂くと同時に，物体の後ろに押し寄せる空気によって押されると説明した。いいかえると，運動は一定の力により生じるということだ。しかし，ペルシアの学者アル＝ビールーニーは，速さや方向を変化させるといった不均一な方法で動く物体は加速しなければならないことに気づき，アリストテレスの理論に疑問をもった。続いてバグダッドのアブル＝バラカットは，運動はちょっとしたひと押しで始まるが，持続して力をかけると物体は加速することを見いだした。その約100年後，ペルシアのアル＝カジニはおもりと天秤を研究し，先人の成果をもとに動力学（不均衡な力により運動が生じる）と静力学（均衡した力）を力学という一つの分野に統合した。どちらの場合も力ははたらいているのだ。

この16世紀頃のアラブの写本は力学の応用を示している。これは，水をくみ上げる装置の図面だが，水の流れで回転する水車が歯車を通じてベルト上のバケツとつながっているようすを示している。

9 力と慣性

　ヨーロッパではアヴェロエスの名で知られたイブン・ルシュドは，12世紀のスペインで活躍したイスラムの博学者であった。彼が行った多くの貢献のなかでも特に大きな貢献は，慣性というアイデアを提案したことである。今日，慣性は運動の物理法則で中心的な役割を果たしている。

　アヴェロエスはアリストテレスの物理学について3冊の注釈書を書いた。彼の注釈書の影響は非常に大きく，後世のヨーロッパの学者は彼を「注釈者」と呼んだほどだ。注釈書のなかでアヴェロエスは，力を物体の運動を変化させるものと定義した。また，力の大きさと運動が変化する割合とを関係づけた。さらに，空気抵抗や重力の影響とは別に，物体は運動状態の変化に対して固有の抵抗をもつと考えた。アヴェロエスは，今日の「慣性」にあたるこの考えの土台に第五の元素であるエーテルをおいた。アリストテレスによるとエーテルは月を越えたところにしか存在しない。そこでアヴェロエスは，天体だけが慣性をもっているとし，天体が無限の速さで進んだりしないのは，慣性をもつからだと考えた。しかし，のちに慣性はすべての物質がもつ性質と見なされるようになった。

アヴェロエスの肖像画。バチカンにあるラファエロのフレスコ画「アテネの学堂」をもとに作られた。彼は，ローマ法王の宮殿に描かれた数少ないイスラム世界の人物である。このことは，彼の業績が幅広い分野の知識の発展においていかに重要であったかを示している。

10 人工の虹

身近な光学現象である虹を説明する試みは失敗続きだった。ドイツの修道士がグラスで雨滴を作ってみるまでは。

天気の科学である気象学は，複雑な学問である。古代人が流星や彗星を，雹，稲妻，霧と同じたぐいの現象であると考えたのも無理はない。虹に関しては，あのアル＝ハイサムもまちがえた。虹について彼は，雲のなかの水滴で形成された湾曲鏡で反射した太陽の像の一部ではないかと考えたのである。1300年になってやっと，フライベルクのディートリッヒが別の説を提案した。彼は，雨滴を水が入ったガラスの球で再現した。光線はガラスの「雨滴」に入る際に屈折し，雨滴の裏面で反射した。そして，雨滴から出る際に光線が再び屈折したとき，白色光が，それを構成しているさまざまな色に分解されたのだ。虹はこれらの屈折と反射の結果である。

すべての文化において，虹は特別な存在であり，天に住む水蛇，女神のネックレス，天と地を結ぶ橋など，さまざまに説明された。雨が降っているあいだに太陽が出たとき，太陽を背にして立つと虹が見える。この現象は光学で説明できる。

11 オッカムの剃刀

英国の哲学者であるオッカムのウィリアムが1323年に書いた本に，彼の肖像画がある。ひげがないのは，オッカムの剃刀を使ったからだろうか。

オッカムの剃刀は洗面用具とは関係ない。科学者が理にかなった説明を立てるためのルールであり，不要な仮定を切り取る思考の刃である。実は，英国の修道士であったオッカムは，著作でこのルールについて述べた多くの学者のなかの一人にすぎず，たまたま彼の名前がついた。「節約の法則」とも呼ばれるこの法則は，オッカムの一世代前に生きていたトマス・アクィナスによるとこう表現される。「少数の原理で説明できる場合は，多数の原理の結果であると考えなくてよい。」つまり，もっとも単純な理論から出発して，必要がある場合だけより複雑に説明せよ，ということだ。現在でもこの単純な原理は，科学という建物のレンガを固めるセメントの役割を果たしている

12 インペタスで勢いをつける

世界最古の部類に入る大学の一つがパリにあるが，1320年代にオッカムのウィリアムが教鞭をとるために出向いた頃には，創立からすでに100年が経っていた。そして，彼の学生の一人がいろいろな意味で物理に勢いをつけることになった。

ジャン・ビュリダンは，オッカムの下で勉強した後，彼に加わり大学教員になった。彼の私生活は波乱に満ちていたようだが，彼の研究もまたセンセーションを巻き起こした。ビュリダンは，イスラム世界で大躍進した力学を用い，きっぱりとアリストテレスの教えと決別した。これは，ヨーロッパでは物議を醸す行為であった。彼は，力がはたらいて物体が運動状態になると，その物体の「インペタス（impetus）」により物体は動き続けると述べた。インペタスは物体に内在しており，運動が終わるのは，インペタスを消失させるのに足りる大きさの力が運動の反対方向にはたらいたときだけである，とした。この考えはのちに，物体の運動の大きさを表す現在の運動量の概念に発展していく。

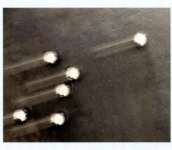

ビュリダンによると，インペタスは，抵抗力により弱められないかぎり，物体を永遠に動いた状態に保つ。

13 潮汐の理論

局所的に見ると，潮汐は海岸から水を行ったり来たりさせるように見える。地球規模の視点で見ると，海水は卵形に引っ張られる。これにより，海面の高さは数メートル変動することがある。

今日のわたしたちは，潮汐は海を引っ張る月と太陽の重力によって引き起こされていることを知っている。しかし，中世では，重力はものを下に引っ張るだけの力であった。それでは，海水を満ちたり引いたりさせるのは何であろうか。

古代に月の位置と潮の満ち引きは関係づけられていたが，月の周期的な動きだけでは大潮や小潮を説明できなかった。1523年にイタリアのフェデリコ・グリソゴノが月の引力がどのように球状の地球の海水を伸張させ卵形に変えるのかをおおまかに説明した。また，太陽の2次的な弱い引力もこの伸張を変化させる可能性があるとした。小潮は，月と太陽の引力が互いに垂直にはたらくときに生じ，大潮は，両者が一直線上に並んだときに生じる。問題は，引力を生じさせる原因は何かということである。それは重力であろうか，または磁力であろうか。

14 磁石を理解する

1600年に，ある英国の医師が，地球は巨大な磁石であり，重力以外の力も及ぼしていることを示した。

ギリシアの哲学者テオフラストスは，紀元前4世紀に「マグネシアの石」について記した。マグネシアはギリシアの一地方であり，この石は天然磁石となる磁鉄鉱を豊富に含んでいた。

磁石は，西暦元年の数百年後から中国で羅針盤（コンパス）として使われた。初めは儀式や占い用だったが，11世紀にはすでに中国人が羅針盤を航海に利用していた。この技術は次の400年のあいだにアジアとヨーロッパに広まった。

磁石について

ウィリアム・ギルバートは，英国の女王エリザベス1世の侍医としての仕事のかたわら，磁気と電気という不思議な力を研究した。（かたわらとはいっても，彼は，ギリシア語で「琥珀」という意味のエレクトロン（elektron）という言葉をもとにした名前を電気の現象につけたほどだ。琥珀は，こすると帯電して静電気を生じる物質である。）ギルバートは1600年に，地球全体が磁石であるため，羅針盤の針が北をさすことを明らかにした。それ以前には，羅針盤は北極星か，はるか北にある謎の鉄の島に引きつけられるのだと考えられていた。ギルバートは，羅針盤の針と地球が，二つの磁石の相互作用を支配する引力と反発力の法則に従っていることを証明した。この証明は，磁鉄鉱を削りだして作った地球の模型「テレラ（terrella）」を使って行われた。このテレラの表面に置かれた羅針盤は，本物の地球上での航海で使用されたときとまったく同じような動きをした。磁力と電気は，重力のように自然の力であった。これらの力は，関係し合っているのであろうか。このほかにも発見されていない力があるのだろうか。

ウィリアム・ギルバートの発見は1600年の著書『磁石について』のなかで公表された。

極の探検者

羅針盤は中国の発明であり，航海目的の使用ができるようになったのは沈括のおかげである。この人物は，1088年に魅惑的でエキゾチックな響きの著書『夢溪筆談』のなかに彼の業績を記録した。そのなかで，沈括は，自由に動けるようにした羅針盤の針は北を探しだすことを初めて明記した。（現代風にいうと，磁石のN極は，地球の北極に引きつけられる。）しかし，沈括は，羅針盤が真北から数度西にずれた方角をさし示すことも発見した。地球の磁場は若干ぐらついているのである。

15 屈折の法則

ダイヤモンドの屈折率は 2.4 であり，天然鉱物のなかでも高い屈折率をもつ。ダイヤモンドの表面は，この宝石の内部を通過する光が屈折と反射によって上面から出ていくようカットされている。こうすることで，ダイヤモンドに高価な輝きが作られる。

光は，透明な媒質から次の媒質を通過するときに折れ曲がる，つまり屈折する。飲料中のストローが明らかに折れ曲がって見えるのがその証拠であるが，昔は光が水を入れた容器を通過するときに曲がることが証拠となった。そこには，なんらかの規則性が潜んでいるのだろうか。

反射の法則については，アレクサンドリアのヘロンに感謝するべきだ。ヘロンによると，光線が光を反射するなめらかな表面に当たると，光は表面に対して垂直な直線のもう片側に正確に同じ角度で反射する。したがって，自分の顔の反射は鏡像を作りだす。顔の左側は右側に映し出され，顔の右側は左側に映しだされる。

学者らは，屈折に関しても反射と同様に規則的な法則が成り立つのではないかと考え探究した。屈折とは，光線が二つの媒質の境界（たとえば，空気からガラス）を通過するときに進行方向を変える現象のことである。アル＝ハイサムらは，ガラス玉などの湾曲した境界面を越える光は，すべてが同じ角度で屈折するわけではないことを確かめた。光の入射角度が大きいと，進路の変化も大きくなった。このため，ガラス玉は通過した平行光線を一点に集め，レンズのようなはたらきをするのである。

二人の発見者

ペルシアのイブン＝サフルは，984 年にはすでに比率を用いた屈折角の計算法をあみだしていたが，1621 年にそれを再発見したオランダ人のヴィレブロルト・スネルにちなんで，この法則はいまだに「スネルの法則」として知られている。この法則では，すべての媒質は屈折率という量をもっている。屈折率とは，真空での光の速さと，媒質を透過するときの光の速さとの比である（真空の屈折率は 1 である）。屈折は，光線が媒質間の境界を通り抜けるときに光の速さが変化する結果生じる。光が 0 度の角度で（つまり垂直に）入射した場合，たとえ光の速さが変っていても光は屈折せず，まっすぐ進む。ある角度で境界に到達する光は進路を変えるが，これは広がりをもって入射した光の一部が先に境界を越え，光のほかの部分が境界を越える前に速さを変えるからである。屈折率が小さい媒質から大きい媒質へと進む光の屈折角は小さくなり，反対に大きい屈折率の媒質から小さい方へと進む場合は，屈折角が大きくなる。

内部反射

光線が臨界値（臨界角）を超える角度で媒質間の境界に達すると，光線は境界で屈折せず，反射しかしなくなる。この現象は，「全反射」として知られるが，この現象によりカットされた宝石類が輝き，海がきらめくのである。

スネルの法則により，光の屈折角を計算することができる。n_1 と n_2 は媒質の屈折率であり，θ_1 は入射角，θ_2 は屈折角である。光が二つ目の媒質から外に通り抜けるときは，入射角と反射角が入れ替わる。

$$n_1 \sin\theta_1 = n_2 \sin\theta_2$$

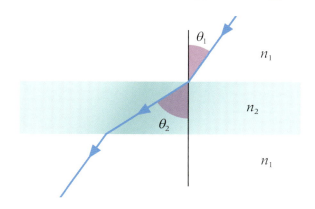

16 ガリレオと落下

　いい伝えによると，ガリレオ・ガリレイは，ピサの斜塔に登り，塔の上から物体がどのように落下するのかを実験したという。実際のところ彼はこんな実験はしなかっただろうが，この偉大なイタリア人科学者は，初めて定量化したデータを使って自由落下のなかで何が起きているのかを明らかにした。

　学者たちは何世紀もかけて，物体は実際のところどのように動くのかをアリストテレスの教えに沿って解釈しようとしていたが，ガリレオは運動に関する過去の仮定を一掃して再出発した。その成果は，すべての天体が地球を回っているわけではないことを示した天体観測ほど有名ではないが，宇宙の理解を深めるためには同じくらい重要である。

　ガリレオは自分で得ることができた証拠だけに興味があった。ピサの斜塔の「実験」は，おそらくアリストテレスの運動理論の誤りをあばくために使った話であろう。アリストテレスの理論によると，重い物体のほうが軽い物体よりも速く落下する。ガリレオの球と斜面を使用した実験（これは本当に行った）は，落下する（または転がる）物体は一定の力を受けることによって一定の割合で速さを増していくことを示した。この加速（a）によって物体が移動した距離（d）は，運動に費やした時間（t）の2乗に比例する。アリストテレスの理論を疑いはしたが反証できなかった先人たちとは違い，ガリレオは明確な数学の言葉でこの落下の法則を表した。それが $d=at^2/2$ である。近代物理学はここから始まった。

1840年代に描かれたこの作品では，ガリレオ（中央）が落下の法則をピサで実演している。彼の考えは，パトロンの貴族（右側）と，聖職者・哲学者からなる集団の両方から反論されているが，ガリレオの斜面を使った実験は勝利を収めるのである。

17 圧力を加える

「自然は真空を嫌う」という考えは，古代ギリシア時代にさかのぼる。その時代には真空は単にありえない存在であったが，特にポンプを使用した液体やガスにはたらく力の研究が，新たな理解に結びついていった。

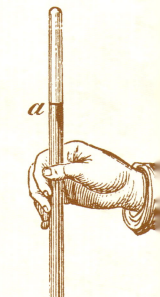

17世紀の科学に関する数多くの逸話のように，この話もガリレオから始まった。ガリレオは絶頂期の1630年に，仲間のイタリア人，ジョバンニ・バティスタ・ヴァリアーニから手紙を受け取った。その手紙のなかで，ヴァリアーニは，大きな丘の上に吸引ポンプで水をくみ上げることが不可能なのはなぜだろう，と述べていた。当時の考え方では，ポンプは真空（少なくとも真空となる可能性）を作りだすことにより，管を通してどこまででも水をくみ上げることができるはずであった。水は，真空の空間を満たそうとして押し寄せ，その力によってはじめの水面よりも高く上がることができると考えられていたのである。ガリレオは，真空の力にさえ限界があり，現代の6階建ての建物に相当する高さまで水を引き上る力が足りないだけだと示唆した。

3年後，ガリレオはローマで異端の罪で宗教裁判にかけられた。彼は，アリストテレスの世界観に反論していた。アリストテレスの世界観では，地球は完全かつ不変な宇宙の中心に位置づけられており，この考えはローマカトリック教会に採用されていた。ガリレオは自宅軟禁に処せられ，この罰は1642年に彼が亡くなるまで続いた。晩年，盲目となったガリレオは，亡くなる数カ月前に数学者のエヴァンジェリスタ・トリチェリを最後の成果を記録する助手として招いた。その後，トリチェリは，トスカーナ大公主任科学者であったガリレオの後継者となった。

気圧計の製作

トリチェリが相談を受けた最初の問題の一つは，最大級の吸引ポンプでさえ水をくみ上げる高さに限度（約10メートル）があるのはなぜかというものであった。トリチェリは10分の1に縮小したミニチュアでこの問題を研究することにした。彼は，ガラス管の一方の端を閉じて，水の14倍もの密度をもつ液体である水銀で満たした。そして，ガラス管の開いているほうの端を水銀が入った容器のなかに入れた（右側の絵）。管内の水銀はいつも76センチメートルまで下がった。水銀柱にも最大の高さがあることがわかり，それは水柱の高さの約14分の1の高さであった。これを確固たる証拠として，トリチェリは従来のポンプと真

エヴァンジェリスタ・トリチェリの気圧計の一つを復元したもの。U字型のガラス管の左側は開いているため，空気が左側から水銀を押し下げ，右側に水銀を押し上げる。水銀が押し上げられた高さは，大気圧の値を示す。

空の理論を一変させた。

彼は，液体は真空によって引き上げられるのではなく，空気の重みで押し上げられることを発見した。液体の柱がもっとも高くなるのは，液体柱の重さと空気の重さがつり合ったときであった。これにより，トリチェリは気圧計（大気圧を測定する機器）の発明者として名を残すことになった——彼以前にも気圧計作りに手を染めていた者はいたが。圧力とは，物の表面にはたらく力（正確には，単位面積あたりにはたらく力）の大きさを示す量である。

真空の力

「トリチェリの管」の頂上部に残された空間（p.22 右図で a より上の部分）は何か。それは，真空以外のなにものでもなかった。トリチェリは 1647 年に腸チフスが原因で早逝したが，翌年にブレーズ・パスカルがその研究を引き継いだ。彼は，平らなパリから指示を出しながら，マシフ・サントラル山脈で今や伝説となった実験を義理の兄弟のフロリン・ペリエに行わせた。ペリエは，クレルモン゠フェランの修道院の外に水銀気圧計を 2 台設置して，そのうち 1 台の水銀の高さを修道士に一日中記録させた。（水銀気圧計が示す高さは変わらなかった。）ペリエはそこで，近くにある標高 1,460 メートルの死火山ピュイ・ド・ドームの山頂にもう一つの水銀気圧計を運んだ。ペリエは山頂へ向かう途中にきめ細かい観測をしたが，水銀気圧計が示す高さが上に登るにつれて下がっていくのに気づいた。これはパスカルが予測していたとおりだった。標高が上がるにつれて大気圧が下がるのは，上から下に押しつける空気が少なくなるからである。さらに，水銀の上の空間は，密閉され外界から閉ざされているのにもかかわらず，大きくなっていった。何も加えなくても大きくなるのは，無だけである。そこにあったのは，アリストテレスの信奉者に忌み嫌われた空っぽの空間，つまり真空であった。

ブレーズ・パスカルは，パリのサン・ジャック・ドゥ・ラ・ブッシュリー教会の 50 メートルの高さがある塔の屋上で気圧の実験を繰り返し行った。このフランス人の圧力への業績に敬意を表して，圧力の単位はパスカル（Pa）と命名された。

空気圧と真空

1650 年，話はドイツのマクデブルクに移る。ここでオットー・フォン・ゲーリケが画期的な逆流防止弁の付いた真空ポンプを発明した。彼はその発明品を，二つの銅製の半球を組み合わせた球体から空気を吸引するために使用したことで有名である。この話によれば，このつながった二つの半球は，8 頭の馬でも引き離すことができなかった。いったん空気が金属球のなかに戻されると，それは簡単に二つの半球に分かれた。真空が何の力も及ぼさないというさらなる証明がここにあった。その代わりに，空気の圧力が半球を結びつけていた。ここで，さらに次の問題が現れた。空気中の何が，押すはたらきをしたのであろうか。

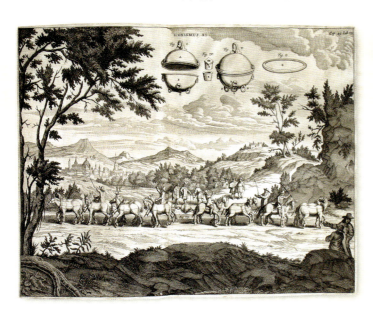

フォン・ゲーリケの著作『真空についての（いわゆる）マグデブルグの新実験』にあるこの版画に描かれているように，1663 年，ベルリン近郊でプロイセン公フレデリック・ウィリアム 1 世のために，フォン・ゲーリケは彼のもっともドラマチックな実験を再現した。

18 振り子

いい伝えによると，ガリレオはピサの大聖堂内にあるシャンデリアが揺れるのを見ているあいだに，振り子の運動に規則性があることを発見したという。振り子の刻む自然のリズムは，時間の計測に革命を起こし，また運動の法則にさらなる洞察を与えてくれた。

クリスティアーン・ホイヘンスは 1656 年に振り子時計の特許権を取得し，契約を結んだ者にのみ製造させた。

この逸話の真偽はさておき，ガリレオが彼の経歴の早い段階で振り子の運動の研究を徹底して行ったことは確かである。1602 年頃までには，彼は単振り子の周期はその長さの平方根に比例することを発見した。（周期とは，振り子が 1 回の振動，つまり 1 往復の揺れに費やす時間である。左端から中心点を通って右端へ動き，再び引き返すのに必要な時間を思い浮かべればよい。）振り子のおもりの質量を変えても，周期に何の影響もない。つまり，重いおもりは軽いおもりと同じ時間で 1 往復する。重要なことだが，ガリレオはまた，小さい揺れの場合は，周期が振幅（揺れの幅）と無関係であることを発見した。つまり，同じ長さの振り子はすべて，世界のどこで揺らされても，つねに同じ周期をもっているということである。この「等時性」（等しい時間という意味）により，振り子を時間の計測に使用することが可能になった。必要なのは，1 秒周期の振り子であった。ガリレオは，再び世界を変えたのである。

チクタク，時計の話

時間を知ることは，一日のある時点に祈祷（きとう）する決まりになっている中世の聖職者にとって非常に重要であった。機械時計は 14 世紀以降あちこちに存在した。たとえば，ミラノには 1335 年に少なくとも 1 台が保有されていたことがわかっている。機械時計は，一定の割合で落下するように工夫されたおもりで動いていたが，正確とはいいがたく，天体観測によってたびたび調整し直さなければならなかった。

ガリレオは 1642 年に世を去るときに未製作の振り子時計の設計図を残した。一方，オランダの科学者クリスティアーン・ホイヘンスの 1656 年の設計図は当時の製造技術とかみ合った。初期型のホイヘンスの時計は落下するおもりの力で動作したが，振り子の揺れによっておもりの落下を制

ガリレオのシャンデリア

ガリレオが振り子の運動の研究を始めるきっかけとなったピサの大聖堂には，いまだにシャンデリアが吊り下がっている。ガリレオは礼拝中，シャンデリアの 1 往復の時間を測るために自分の脈拍を利用したという。しかし，旅行者は注意したほうがよい。現在のシャンデリアは，ガリレオの偉大なひらめきから 4 年後の 1568 年に作られたものである。

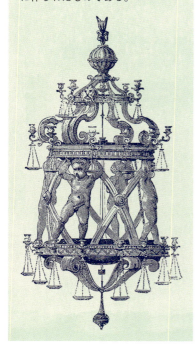

単振動

振り子の運動は，振動である。上下に伸び縮みしているおもりを付けたばねは，振り子と同様の振動をする。摩擦によってエネルギーが失われないという理想的な条件では，これらの振動は単振動として表すことができる。このとき，おもりの速度（v），加速度（a），振動の中心点からの変位（s）が，すべて同一の周期で変化し続ける。現実には，摩擦によって振動は必ず弱まり遅かれ早かれ停止する。

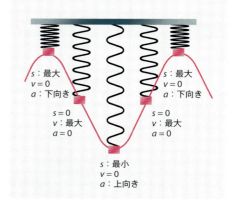

御していた。この設計のおかげで，既存の教会の時計に精密な装置を設置して改良することができた。周期を正確に1秒に調整するため，おもりを上下に動かし，微調整した。この振り子時計は単純だが1日に数秒しか狂わなかった。

振り子は，調和振動子の一例である。この揺れを生じさせる力は，復元力と呼ばれる。揺れるおもりが必ず中心点に向かって引っ張られるからである。復元力の大きさは中心点からの距離に比例する。次は，ものが伸び縮みするしかたにこれと同じ考えを当てはめた若き英国の科学者について話そう。

19 フックの法則

ロバート・フックは，偉大な人物達の陰に隠れる運命にあったが，彼の名前がついた科学的発見は多くある。とりわけ，ものがどのように伸び縮みするかを説明する法則が有名である。

ロバート・フックは，数々のすばらしい科学的発見の瞬間に立ち会っていたが，スポットライトを浴びるのはほかの科学者であることが多かった。彼は，誰が種々の発見と発明をしたかについて同僚とよく口論した。あるとき，フックにこのような苦情を向けられたアイザック・ニュートンはこう答えた。「わたしがほかの人よりも遠くを見通したとすれば，それは巨人の肩の上に立っているからだ。」フックはおそらく猫背で巨人とはほど遠かったと思われる。

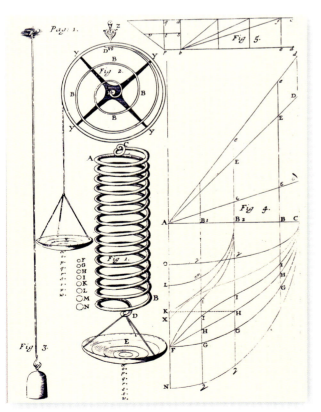

現実を引きのばす

しかし，その名前が示すように，フックの法則は，すべて彼のものである。彼は，1660年にこの法則を ceiiinosssttuv というアナグラム（綴り換えをした単語）で発表した。このアナグラムは ut tensio, sic vis と並べ替えることができる。これはラテン語で「張力と同じように力ははたらく」という意味である。わかりやすくいうと，ある物質の伸び（または縮み）は加えられた力に比例する。つまり，力が2倍になると，伸びも2倍になる。加えられた力は，その物質が最初の長さに戻るのに必要な「復元力」に等しい。もちろん，伸び縮みのしかたは物質によって違うが，この法則は物質が変形し壊れ始めるまで成り立っている。フックはもっぱらばねを使って研究したが（彼は，時計にばねの振動子を利用することについてホイヘンスと議論した），彼の法則は，振動する楽器の弦，地震の揺れ，原子の振動にまで適用できる。

科学的な記念塔

ロンドン大火の記念塔は，ロバート・フックと英国の代表的な建築家であり，天文学者でもあるクリストファー・レンによって建てられた。この円柱の塔は，1666年の大火が出火した地点を示しているが，それ以上の意味を込めて設計された。吹き抜けのらせん階段は弾性的な伸びと振動を測定するのに使用され，塔の屋根にある開口部は天頂儀としても使用された。

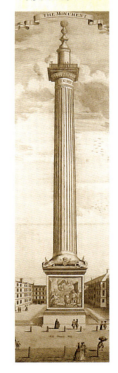

20 気体の法則

ロバート・ボイルは「化学の父」と呼ばれるが，彼の有名な気体の法則は，気体の圧力と体積の関係を説明するもので，純粋な物理である。この法則とさらに二つの気体の法則は，当時は思いもよらなかった原子スケールでの物質のなりたちについての最初の手がかりとなった。

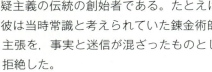

1670年代後半，ロバート・ボイルはフランス人のドニ・パパン（右側の人物）の協力を得ていた。実験室内は，ボイルの発見の鍵となった球状の真空ポンプ（右後ろ）をはじめ，実験用の機器やガラス製の器具であふれている。

パスカルが液体にはたらく力を研究し，フックが固体の特性を明らかにした一方，ロバート・ボイルはフォン・ゲーリケが歩んだ道に続き，当時「空気」（airs）と呼ばれていた気体を研究することにした。（当時はまだ，古典的な四元素「空気」，「土」，「火」，「水」からなる自然という概念にとって代わるものはほとんどなかった。）ボイルはまた，フランシス・ベーコンに大きな影響を受けていた。フランシス・ベーコンは英国の廷臣であり，科学的手法を初めて記述した本の一つを出版した。とはいえ，科学的手法については，アル＝ハイサムやガリレオのような他の科学者らがすでに似た方法で研究していた。ボイルは，今日でも科学に浸透している懐疑主義の伝統の創始者である。たとえば，彼は当時常識と考えられていた錬金術師の主張を，事実と迷信が混ざったものとして拒絶した。

空気の弾性に触れる

アイルランドの裕福な家庭に育ったボイルは，科学者として身を立てて，ロンドンの自宅に実験室を作った。彼は，フォン・ゲーリケの真空ポンプのような「空気ポンプ」の仕組みを解析し組み立てるためにロ

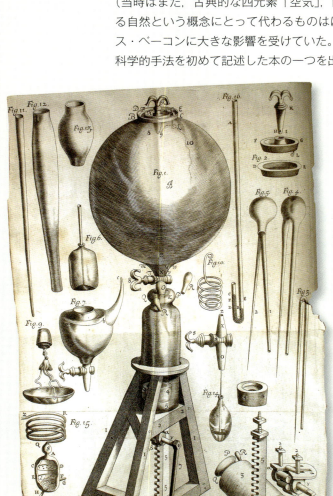

ボイルの最初の著書は1660年に出版されたが，書名は『空気の弾性とその効果に関する物理的力学的な新実験』という詳しい内容を表したものであった。その本には，彼の革新的な「空気ポンプ」の詳細なイラストが掲載されている。

バート・フックを雇った。

ボイルはまた，市内で一番のガラス製造人に惜しみなく投資して多くの独特なガラス容器を製造させ，一連の実験を推し進めた。これらの実験による成果は，「空気の弾性とその効果に関する物理的力学的な新実験」という題目で，1660年に発表された。これらの実験により，音は真空を通り抜けられないこと，炎は空気がないと燃えないこと，動物と植物は空気がないと生きていけないことが示された。

ボイルはまた，空気の物理的性質を研究した。たとえば，真空内の羽根は石と同じ速さで落下することを示した。このことは，見えないけれども空気は物質を含んでいるということを示唆した。1662年にボイルは，ボイルの法則として知られるようになる法則を公表した。容器に入った気体を圧縮して体積を小さくすると，気体の圧力が増すことを発見したのだ。現代の用語で表現すると，気体の圧力（P）は，体積（V）に反比例する（$P \propto 1/V$，$\propto$は比例を表す記号）。

ボイルは実験から得たこの法則を使って，空気はわずかな質量をもつ微粒子から成り，それらがさまざまな方向に運動し，互いを跳ね返しながら容器の壁に衝突し，圧力を生じさせると推論した。

その他の法則

1世紀あまりが経過してから，温度（T）を扱う二つの気体の法則がボイルの法則に加えられた。シャルルの法則（1780年）は，気体の温度（絶対温度）は体積に比例する（$V \propto T$）とする一方，ゲイ＝リュサックの法則（1802年）は，気体の圧力は温度に比例する（$P \propto T$）とした。これらの三つの気体の法則は現代の原子論の基礎を成している。airsは，カオス（混沌）を意味するギリシア語 khaos より最終的にガス（気体）と命名されたが，ボイルが示唆したように，そのふるまいは気体を独立した構成単位の集まりとして扱うことによってもっともうまく説明できた。振り返ってみると，原子の発見までの道筋は定められたかのように見えるが，裏付けがされるまでにはボイルの提案からさらに長い年月を要するのであった。

三つの法則の説明

ゲイ＝リュサックの法則は，体積が一定であれば，気体を熱することで気体の圧力は増す，というものである。なぜなら，気体の微粒子はより速く動き，容器の壁によりはげしくより高い頻度でぶつかり，結果的にそれらの微粒子はより大きな力を容器の壁にはたらかせるからである。

シャルルの法則は，気体の温度が上がるにつれて気体は膨張する，というものである。温度が上がると，より速く動く粒子が容器に圧力を加え，新しい均衡に達するまで膨張する。

ゲイ＝リュサックの法則

冷たい気体

高圧

熱い気体

シャルルの法則

冷たい気体

熱い気体

ボイルの法則

低圧

高圧

ボイルの法則は，気体の圧力は気体の体積に反比例する，というものである。気体を圧縮し体積を小さくしたとき，気体の圧力は増す。なぜなら，気体の微粒子はより高い頻度で容器の壁にぶつかるからである。

科学革命

21 ニュートンの法則

歴史は勝者によって書かれるが，アイザック・ニュートンはこの世の勝者の一人であった。『プリンキピア（Principia）』（原理という意味）として出版された彼のもっとも重要な業績は，運動と重力の見方を一変させた。

ニュートンの中年の頃を描いた版画。この頃までに，彼は物理と数学に大きな変革をもたらした。その後彼は，政治や政府に関連した仕事をするようになった。

いい伝えによると，1660年代に，りんごの木の下に座っていた青年ニュートンの前にりんごが落ちてきたとき，ニュートンの頭に重力のアイデアがひらめいたという。ニュートンはこの話を80代になったときに（そして豪華な夕食の後に）初めて打ち明けようと考えていた。この逸話は，彼をそのまばゆいばかりの才能で科学革命を起こしたある種の預言者のように見せている。ニュートンは生涯，自らの業績を断固として主張したが，彼以前の学者の貢献も認めていた。

『プリンキピア』初版のタイトルページ

必要な力

1609年に，ドイツ人天文学者のヨハネス・ケプラーは惑星の軌道が以前から仮定されていた円ではなく，楕円であることを発見した。少し後に，ガリレオが，落下する物体の研究を投げ上げられた物体へと広げ，それらの物体が放物線を描くことを発見した。楕円形と放物線が関連した図形であるということは，ギリシア時代から知られていた。ニュートンは早くから，惑星に楕円軌道を描かせる力は，投げた物を地面に引き寄せる力と同じであることに気づいていたが，彼はこの理論を何年も胸に秘めていた。1680年代に，ロバート・フックは彼の同僚のエドモンド・ハレー（ハレー彗星の発見者）に，重力は逆2乗の法則に従うと提案した。たとえば，物体間の距離を2倍にすると，物体間の力は4分の1になるというわけだ。しかし，フックはこれを証明できなかった。そこで，ハレーはニュートンに相談したところ，ニュートンは「自分はそのことをずっと前から知って

ニュートン

力の単位は，この偉大な科学者に敬意を表してニュートン（N）と名づけられた。1ニュートンの力は，質量1kgを1m/s²で加速させる。落下する約100gのりんごにはたらく重力が，だいたい1ニュートンである。

$F = ma$

ハレーの協力を受け，ニュートンは，1687年に『プリンキピア』（正式な題名は『自然哲学の数学的諸原理』）のなかで，万有引力の法則を発表した。この法則を数学を使わないで表現すると，「重力はすべての物質をいっせいに引き寄せることができる」となる。そして力は物質の質量に比例する。地球とりんごは互いに同じ力で引き合うが，ずっと大きく動かされるのは地球よりりんごのほうである。そのため，りんごが地面に落下するのであって，その逆にはならない。力が距離の2乗に反比例して小さくなるので，距離が大きくなるにつれて重力の引く力が著しく減少する。数式でこの法則を表すと，$F = \frac{GMm}{r^2}$ となる。この式は，重力の力（F）が，物質の質量（M）をもう一方の物質の質量（m）で乗じ，それらの距離（r）の2乗で割った値に等しいことを表している。G は重力定数であり，計算上必要な係数である。

運動の法則

プリンキピアには，力学分野でのニュートンの貢献，すなわち三つの運動の法則も記されている。これらの法則は，重力であれ磁力であれ単なるひと押しであれ，力がどのように質量に作用して運動を生じさせるかを説明している。第一法則は，運動状態を変える力が加わらなければ，物体は自身の運動状態を維持する（運動していない場合も含む）という内容で，（ガリレオが発展させた）慣性の概念を述べたものである。

第二法則は，加速度と質量をかけ算した量が力の大きさに等しいというもので，単純だが恐ろしく強力な公式 $F=ma$ を生み出した。この関係から，均一の力は重い物体よりも軽い物体をより加速させることがわかる。2倍の質量の物体を同じ加速度で加速させるためには2倍の力を必要とする。

第三法則は，ある物体が別の物体に力を加える（作用する）とき，二番目の物体は最初の物体に対し同じ大きさの力を反対向きに加える（反作用する）というものだ。これは，ロケットが飛ぶ原理や，わたしたちが固い壁を通り抜けられない理由といったさまざまなことを説明してくれる。壁を通り抜けられないのは，壁を通り越えようとして壁を押せば，壁が押し返してくるからである。

ニュートンの全盛期には，ラテン語がヨーロッパの科学の言語であったので，異なる国の人々であってもこの共通言語でコミュニケーションをとることができた。このラテン語のメモはおそらく1690年代のものであるが，このメモのなかでニュートンは最速降下線の問題に取り組み，物体がある地点からほかの地点に，最短の時間で転がるときに描く曲線を発見している。

運動の法則

I

一定速度の運動状態にあるすべての物体は，外力が加わらないかぎり，その運動状態を続ける。

II

物体の質量（m），その物体の加速度（a），加えられた力（F）とのあいだの関係は $F=ma$ と表せる。

III

すべての作用に対して，同じ大きさで向きが反対の反作用が存在する。

22 光の理論

アイザック・ニュートンはケンブリッジ大学で数学と物理を教えながら、研究の大半を秘密裏に行った。彼は、新しい発見をしても、しばらくたった後にしか公表しなかった。『プリンキピア』を発表して有名になる前にも、ニュートンはすでに光の分野に大幅な進歩をもたらしていた。

スペクトルという言葉があるのはニュートンのおかげである。彼は、白色の太陽光がプリズムによって分光する際に現れる虹色を説明するためにこの言葉を作った。1670年代の初期に、ニュートンはこの実験を自分で行ったが、実験結果を発表したのは1704年に発行した著作『光学 (Opticks)』のなかであった。ニュートンは、このときすでに反射望遠鏡も開発していた。反射望遠鏡には、星の光を集めるためレンズの代わりに鏡を使った。この時代のレンズは精度が低く、好ましくない屈折により光が分散して像がぼやけたが（色収差）、ニュートンの反射望遠鏡はこのような問題に悩まされることはなかった。

『光学』のなかで、ニュートンは、光は微小な物体、すなわち離散粒子の流れであると主張した。それ以前に、クリスティアーン・ホイヘンスは「光は波である」と主張していたが、ニュートンの考えはその理論を受け入れなかった。「影は明白な境界をもっているが、光が波だとすれば、波がその境界のまわりを波立たせるはずだ」と考えたからである。最終的には、ある意味両者とも正しかった。

1704年版の『光学』のタイトルページ。この本は、『プリンキピア』と異なり、英語で書かれている。大半をニュートンの光学的実験に関する説明が占めている。

スペクトルの命名

ニュートンは、虹に対し赤、橙、黄、緑、青、藍、紫の7色を考え出した。6色を使うほうが簡単だったであろうが、ニュートンは7を幸運の数字だと思っていたので、7番目の色調に藍を考案した。

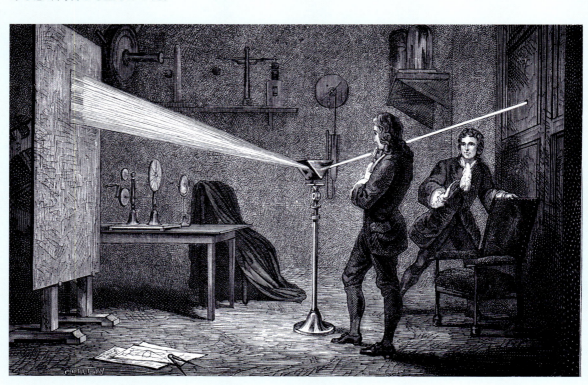

暗くしたケンブリッジの応接室にいるニュートン。一筋の太陽光を部屋に取り込みガラスのプリズムを通して屈折させている。

23 「飛ぶ少年」と電気

電気の話の始まりは，本書の冒頭に登場するタレスにさかのぼる。しかし，1720年代になるまで，電気現象は静電気しか知られていなかった。ステファン・グレイが，この状況を変えた。

真空ポンプの開発者であるオットー・フォン・ゲーリケは，ほかにもいくつかの画期的な装置を発明した。その一つが，硫黄球を回転させ電荷を増大させる静電起電機である。（この装置は，摩擦を利用して電荷を作る。ゴム風船をこするとゴム風船が帯電するのと同じである。）その後，この装置はさらに改良されていく。フランシス・フォークスビーは，フォン・ゲーリケの真空ポンプを使用し，電荷を集めるため硫黄球の代わりになかがからっぽのガラス球を設置した。

ショービジネス

静電気はたしかに大衆を引きつけた。火花と静電気を使った芸をする「エレクトリシャン」と呼ばれるパフォーマーらが，晩さん会の席で大流行した。この，昔からある現象への新たな需要に興味をもつ科学者はほとんどいなかったが，スティーヴン・グレイは違った。彼は織物商人であったが，絹織機にときおり現れる火花（これもまた摩擦の産物である）を見て興味をかきたてられた。

その昔タレスが，特定の物体はこするとほこりや羽根を引き寄せると述べていた。グレイは，ガラス管に糸をつないで，その先に象牙の球をつけたところ，球が綿毛を引きつけた。つまり，引き寄せる力（「電気の効力」）を糸を伝わせて球まで届けられることを発見した。

当時のほかのエレクトリシャンにならって，グレイは「飛ぶ少年」として知られるパフォーマンス的実験を1730年に行った。彼は少年を絹のロープに吊るし，フォークスビーの起電機で作った電荷で少年を帯電した。少年の両手は，ほかの帯電した物体のように金箔を引き寄せた。電荷が彼から地面に流れないようにするため，少年は地面から離され空中に吊るされていた。この実験により，電気の効力は，金属，象牙，人体を通り抜けて移動する一方，絹のロープは電気の効力を通さないということが示された。前者の物質は導体で，後者の物質は絶縁体である。この二者の区別は，電気の理解とその力を利用する際にきわめて重要になる。

スティーブン・グレイはワイヤーに沿って通電させることができることを発見した。しかし，金属が足りなかったため，彼は代わりに「荷造り用の糸」である麻を使った。麻は導体（電気をよく通す物体）としては劣っていたが，彼は何も地面に触れていない（接地していない）ことを確認した後，何とか電気を240メートルの長さの麻糸を伝わせて送った。

最初のコプリ・メダル

ハンス・スローン卿は，アイザック・ニュートンの没後に英国最高峰の科学学会である王立協会の会長に就任した。スローン卿は，グレイの友人（でありチョコレートミルクを最初に作った人物）でもあった。グレイの発見のほとんどは前会長のニュートンによって無視されたが，後任のスローン卿はグレイの発見をたたえることを決めた。1731年にグレイは，王立協会の最高の栄誉であるコプリ・メダルを授与された。多くの著名な科学者がこのメダルを受け取っているが，グレイはメダルを受け取った最初の人物である。

24 温度目盛り

科学の進歩は知的な能力だけではなく，職人技によってももたらされる場合がよくある。発明者ではないが，ドイツのガラス技術者ガブリエル・ダニエル・ファーレンハイトが完成させた，温度計の場合もそうであった。

液体が温まると膨張し，冷えると収縮することは，すでに紀元1世紀の時点でアレクサンドリアのヘロンが見つけていた。温度計はその原理を利用している。しかし，初期の温度計は水を使用していたため，かなり不正確なものであった。1714年にファーレンハイトが水の凍る温度や沸騰する温度でも液体のままである水銀を用いて温度計を作ることに成功した。次に必要になったのは温度変化を測るための目盛りだった。温度の目盛りは任意なので，新しい温度計の目盛りをつけるときに簡単に再現できるような基準となる温度を，高温と低温の2点で定めればよい。1724年にファーレンハイトは，高温側の点として人間の体温を選んでそれを96度とし，低温側の0度とする点として氷・水・塩化アンモニウムの混合物を選んだ。この定義を採用することで，ファーレンハイトの作った「華氏（°F）」は，凍りついた山の上から沸騰しているシチューの鍋にまで使える便利な温度目盛りになった。

25 ライデン瓶

当時「電気流体」と呼ばれていた電気がある種の物質中を流れることがあるのは，スティーヴン・グレイによって示されたが，電気の性質を突きとめるのは難しかった。まずは，この不思議な現象を蓄える手法が必要だった。

当時から150年ほど経ってわかったことであるが，電気は電荷をもつ粒子（おもに電子）が担う現象である。静電気は物体の電子の過不足によって生じる。電気火花（スパーク）は，偏っていた電荷が平衡状態に戻るときに生じる。それに対し，電流は電荷の均質な運動である。一方，18世紀には，静電気の説明として「電気流体」が物体に貯められると考えたほうが合理的であった（左の囲み記事参照）。1660年代から使われだしたオットー・フォン・ゲーリケの硫黄球や1700年代からのフランシス・ホークスビーのガラス球のような静電起電機は，電気流体をある物体から別の物体へこすって移す「摩擦装置」であると考えられていた。

> **「樹脂電気」と「ガラス電気」**
> 1730年代にフランス人研究者シャルル・フランソワ・デュ・フェによって，「樹脂電気」（琥珀などに生じる電気）と「ガラス電気」の2種類の「電気流体」があることが発見された。反対の電気流体をもつ物体は互いに引き合ったが，同じ電気流体をもつ物体同士は反発し合った。今日ではこの二つの状態は改名され，それぞれ正電荷，負電荷と呼ばれている。

管の部分の水銀の量は底の水銀槽と比べると少ない。科学の機器に必要な精密ガラス器具の制作にファーレンハイトの技術が見てとれる。

科学革命

このような静電起電機では、害のない程度の電気火花を作るだけでもかなりの労力が必要だったので、役に立つことはなく目新しいだけの存在であった。たとえば、帯電した恋人同士がキスをするときに電気火花が散る「電気キス」は、1740年代に人気だった。しかし、静電気でそれ以上のことをするにはさらに大量の電気を捕らえなければならない。そこで考案されたのが、液体を蓄えるのに最適な瓶型の装置であった。

危険な実験

1745年、エヴァルト・ゲオルク・フォン・クライストというドイツの科学者はガラス瓶の内側に銀の薄膜を貼り、そのなかに水を入れた。クライストは、これを静電起電機につなぐことで水を帯電させようと考えたのだ。彼の考え方は誤っていたが、その装置には不思議なことが起こった。銀の薄膜に手を触れたときに、非常に強く、そして非常に危険な電気ショックが走ったのだ。幸運にもクライスト氏は生きのびた。瓶に電気が蓄えられたのは明らかであるが、それはどのように起こったのであろうか？

フォン・クライストと同じ教師の下で学んでいたオランダの発明家ピーテル・ファン・ミュッセンブルークも、クライストと似た装置を作った。この装置は、ライデン大学の教員らへの発表をきっかけにライデン瓶と名づけられた。ライデン瓶はクライストの装置よりも改良されたもので、瓶のなかだけでなく、瓶の縁を隔てて、外側にも金属膜が貼られていた。それまで瓶をもつ研究者の手は装置の役割の一部を果たしていたが、外側の金属膜はそれに代わるものであった。

ライデン瓶は最初のコンデンサ（蓄電器）であった。2枚の導体（電気をよく通す物体）からなるコンデンサは電荷を蓄える装置である。導体板（金属膜）は絶縁体（ガラス）によって隔てられている。瓶の内側にある1枚の導体板に電荷が蓄えられると、外側にある2枚目の導体板（または手）に同じ量で反対の電荷が蓄えられる。2枚の導体板をつなげると電荷が移動し、電荷の差は解消される。現代的な蓄電器の表面積はとても大きく、それだけ多くの電荷も貯められているため、一時的だが電流が流れる。しかしライデン瓶では、電流とはとても呼べない電気火花しか作れなかった。人類が初めて電流を流した装置は、それから55年後に発明された化学電池である。ちなみに、英語のバッテリー（battery、電池）という言葉はつないだライデン瓶の列が砲列（英語でbattery）に似ていたことからベンジャミン・フランクリンが名づけたものである。

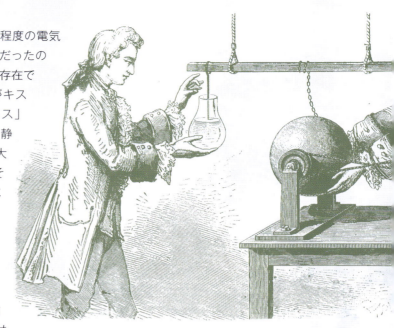

フォン・クライストがライデン瓶の原型を帯電させているところであり、まさにショックを受けるところである。のちに瓶は水なしでもはたらいていることが示された。

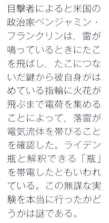

目撃者によると米国の政治家ベンジャミン・フランクリンは、雷が鳴っているときにたこを飛ばし、たこにつないだ鍵から彼自身がはめている指輪に火花が飛ぶまで電荷を集めることによって、落雷が電気流体を帯びることを確認した。ライデン瓶と解釈できる「瓶」を帯電したともいわれている。この無謀な実験を本当に行ったかどうかは謎である。

26 見えない熱

ジョゼフ・ブラックは，幅広い興味をもつスコットランド人の医者であった。胃の治療薬の研究中に二酸化炭素を偶然発見した頃の彼は化学に興味をもっていたが，ブラックの最大の貢献は，物理分野における「潜熱」の発見であった。

1750年代に，ブラックは正確な水銀温度計を使用し，熱している物質の温度がどのように変化するかを調べた。そして，同じように熱しても，物質が異なると温度が上昇する割合が異なることを発見した。彼はこの現象を「比熱」と呼んだ。その10年前には，スウェーデン人のアンデルス・セルシウスが水の融点（0度）と沸点（100度）をもとにした温度目盛りを考案していた。（この「摂氏」温度目盛りのライバルが，ファーレンハイト，つまり「華氏」温度目盛りである。）ブラックは，溶けかけた氷を熱しても温度は上昇せず，水になっていくだけであることを発見した。同じことが沸騰している水を熱する場合にも当てはまり，結果的に同じ温度の蒸気が発生しただけであった。そして，融解または沸騰が完了した後に熱を加えると，再び温度は上昇した。ブラックは，熱はただ物質を温めるだけでなく，物質の状態を変化させるのにも使われていると結論づけ，これを潜熱と呼んだ。潜熱のなかでも，固体を溶かす際に必要なものは融解熱と呼ばれ，蒸発に関係しているものは蒸発熱と呼ばれる。

ジョゼフ・ブラック（座っている人物）が同僚と熱について意見を交わしている。そのなかの一人がジェイムズ・ワット（中央）であるが，彼は熱を利用して最初の実用的な蒸気機関を実現させた技術者である。

27 火と物質

水銀温度計によって何がどれだけ熱いかを測定することが可能になった。しかし，熱とは何なのかという疑問は残った。啓蒙時代のもっとも輝かしい時期にさえ，科学の探究は古代の物理の影響を受けていた。

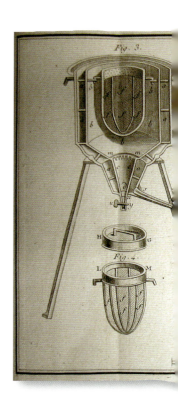

ジョゼフ・ブラックの研究は，熱は一種の物質（彼は caloricum と呼んだ）で，物質から物質にいささか強引に流れる濃い液体であるという理論に基づいていた。この理論は，火は物質であるという何世紀も生き続けた信念に支えられていた。中世の頃，硫黄が固形の火の一種であるといわれたこともあった。18世紀までは，物質が燃えるのは，フロギストン（燃素）を含んでいるからであり，炎の熱と光は物質から出ていくフロギストンによって生じるという理論が優勢であった。しかし，実験結果は別の可能性を示した。フロギストン説によると熱い金属はフロギストンを放出しながら輝くはずである。しかし，実際は熱すると重くなる金属があり，このことは金属に何かが添加されたことを示唆していた。（この場合は酸化物の層である。）

燃焼が明らかにしたこと

フロギストンは，フランスの化学者であるアントワーヌ・ラヴォワジエにより過去のものとなった。1770年代に，ラヴォワジエは燃焼が酸素と物質の反応により引き起こされることを示した。酸素は今でこそよく知られているが，当時は発見されたばかりの気体であった。水素もそうだが，酸素の名づけ親はラヴォワジエである。これらの二つの気体を一緒に燃やすと水ができた。最初は蒸気として得られたが，冷やすと液体になった。ラヴォワジエの実験はまた，ロシアのミハイル・ロモノーソフ（囲み記事を参照）が20年前に予測したことを裏付けた。それは，燃焼前の水素と酸素の混合気体の重さは，生じた液体の水と同じ重さになる，ということである。このことは，物質は新たに生成されたわけでも消滅したわけでもなく，再配置されただけであることを示していた。ここにフロギストンが立ち入る隙はまったくない。

熱は運動である

18世紀のロシアの博学者ミハイル・ロモノーソフは多くの科学分野に貢献したが，ロシア以外では知られていない人物である。ほかの科学者らは，熱せられた結果，気体はより速く運動すると考えたが，ロモノーソフはその考えを逆転させた。すべての熱は物質内部の運動の結果として生じているという理論を立てたのだ。現在のわたしたちの考え方は，これと同じ考えに基づいている。

ロシアの女帝エカテリーナ2世が立ち寄った際に，ロモノーソフが自分の実験装置を披露しているところ。

熱を測定する

ラヴォワジエは，熱と光は違って見えるが元は同じであると考えた。ニュートンは，光は，微粒子（重さのない微細な粒子）からなると説いたので，ラヴォワジエは熱も同じく微粒子からなると判断した。彼は，ブラックのラテン語の言葉にフランス風のひねりを加えて，この微粒子をカロリックと名づけた。

1780年代に，ラヴォワジエは，彼自身と少なくとも同じくらいすばらしい知性をもったフランス人科学者のピエール＝シモン・ラプラスと手を組んだ。彼らは，カロリックの量を測定する装置，すなわち熱量計の作成に取り組んだ。彼らが考案したこの装置は，断熱層によって外界からのあらゆる影響を遮断した燃焼室であった。中央の小室は，正確な量の氷を隙間なくつめたなかに埋め込まれた。小室から流れ出てくるカロリックは氷の一部を溶かすはずである。したがって，氷と溶けた水の正確な比率によって，放出されたカロリックの量が測定できる。カロリックという言葉が示すように，食物中のカロリーはこの装置の現代版を使用して測定される。

ラヴォワジエとラプラスの氷熱量計の図案。この装置は取り外し可能な燃焼室，ふた，実験中に溶けた水を回収する排水システムを備えていた。体から発する熱と燃焼で放出される熱がまさしく同じであることを示すために，この装置にモルモットを入れたといわれている。

28 電荷を測る

1780年代に，フランス人物理学者によって電気を帯びた物体が及ぼす力を測定する方法が考案された。この方法によって，ある法則と類似した関係が明らかになった。

電気分野の先駆者らは，さまざまな種類の検電器，すなわち帯電体からやってくる力を拾う検知器を開発していた。しかし，その力は非常に弱く，それらの検知器には測定できるだけの精密さがなかった。1784年に，シャルル・ド・クーロンは，微弱な力の大きさを測定できるだけの感度をもったねじりばかりを考案した。このはかりには金属棒が糸で吊るされていたが，これは金属棒がほんのわずかな力でも自由に揺れるようにするためであった。帯電させた金属棒は，別の帯電体を近づけると動いた。クーロンは，「力の大きさは，帯電した物体間の距離の2乗に反比例する」という，今日ではクーロンの法則として知られる法則を発見した。この「距離の2乗に反比例する」という性質は，もう一つの自然界の力である重力と共通している。

クーロンのねじりばかりの図。金属棒が回った角度によって，作用した力の大きさを測定する。

29 地球の重さを測る

ニュートンは，物体間の重力がどのように物体の質量と距離に関係しているかを示した。その関係のなかに比例定数 G が現れるが，この定数は宇宙を定義する不変の値である。この G のおかげでヘンリー・キャヴェンディッシュは地球の質量を測定することができた。

重力に関するニュートンの研究は，りんごが地球に落下するとき，逆に地球はりんごに引かれて動くという，想像を絶することを証明した。地球とりんごの質量は極端に異なるため，実際には地球はほとんど動かないが，ニュートンの運動の法則によると，地球はたしかに動く。

どのくらい地球が動いたかを計算するためには，地球の質量を知る必要がある。これは至難のわざであるが，1789年に英国人科学者ヘンリー・キャヴェンディッシュが地球の重さを測定するためのすばらしい実験を考案した。

この実験は，重力の法則（$F=\frac{GMm}{r^2}$）を使って成し遂げられた。必要なのは比例定数の値であった。これは，重力と，質量と距離との関係を確定する数字である。今日では，わたしたちはその値を「大文字の G」として知っている。（「小文字の g」は重力によって生じる加速度を表す。）G は不変定数であって，質量が変わっても G の値は変わらない。キャヴェンディッシュの実験では，大きい質量と小さい質量の二つの物体が使われた。

ねじりばかり

ヘンリー・キャヴェンディッシュは，ねじりばかり（ねじる動きで力に反応する検知器）を製作した。クーロンがねじりばかりで測定した静電気力よりもさらに小さな力を検知するため，キャヴェンディッシュのねじりばかりは，屋敷の小屋がいっぱいになるほど大規模なものとなった。同じ重さ（158キログラム）の二つの大きな鉛球が，所定の位置で回れるよう梁に吊るされた。また，大きな鉛球の近くには，それぞれ730グラムの小さな鉛球が設置された。小さな鉛球は，大きな鉛球とは独立して自由に回れるように吊るされた。

鉛球が重力で引き合うことによってこの装置は回るが，運動の大半は小球のものである。球が吊るされているワイヤーのねじれの力（トルク）が引力とつり合ったときにだけ，二つの小球は回転しなくなる。キャヴェンディッシュは，この装置の任意の回転角に対するトルクの値を知っていたので G を計算できた。現代の単位に換算すると，彼の数値は今日の値（6.67259×10^{-11} N m^2/kg^2）から1パーセントずれていた。キャヴェンディッシュは次に，地球の重力によって生じる加速度（$g = 9.8$ m/s^2）を使って地球の密度を計算し，水の密度の5倍よりやや大きい値であることを見いだした。この技法により，彼は地球の重さを直接計算することを回避できただけでなく（密度を先に求めるというのはよい方法であった），結果的により重要な G の値を明らかにしたのであった。

ヘンリー・キャヴェンディッシュは，彼のねじりばかりへの外界の影響を遮蔽した。この模型が示すように，彼は大きな鉛球を配置するためにプーリー（滑車）を使用した。そして小さな鉛球の運動を窓から望遠鏡で観察した。

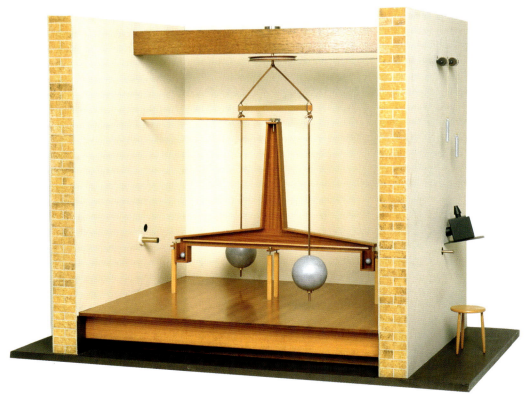

30 カエルの脚とボルタの柱

電流の可能性を解き放った飛躍的な二つの進展には，まったく異なる起源があった。その一つが，カエルの解剖を研究していた医者による偶然の発見であり，もう一つが，化学反応を利用して電気を発生させる意図的な試みであった。

ルイージ・ガルヴァーニは，物理学者ではなかった。彼は父親と同じく医者になったが，外科手術の訓練をするうちに解剖に興味をもつようになった。生きている患者の手術に立ち向かう前に，死んだ動物の内部構造を研究することを選んだわけである。最終的に，彼はイタリアのボローニャ大学で専任の解剖学者になった。9年に及ぶ学術研究の後，ガルヴァーニは偶然に，彼の名が科学史に刻まれることになった発見をした。彼は，カエルの脚一対を乾燥させるために鉄条網に掛けた。その鉄条網は鉄でできていたが，フックは銅製であった。新鮮なカエルの脚はピクピクと動き始め，いくつかの報告によると火花さえ出たという。

ガルヴァーニは，この脚の痙攣をライデン瓶からの電荷を用いて再現できることを発見し，生きている（少なくとも死んでからまもない）筋肉は，彼が命名した「動物電気」によって刺激を受けることを示した。しかし，発端となった鉄条網での現象に関するガルヴァーニの研究は，物理科学に幅広い影響を与えることになった。彼は，研究室で鉄条網で起きた状態を再現した。その際，鉄条網と同じ銅と鉄の2種の金属で作ったアーチを使用し，カエルのつま先と切断された脊髄をつないだ。

当時彼は知らなかったのだが，ガルヴァーニの金属とカエルをつないだ装置は最初の電池であった。

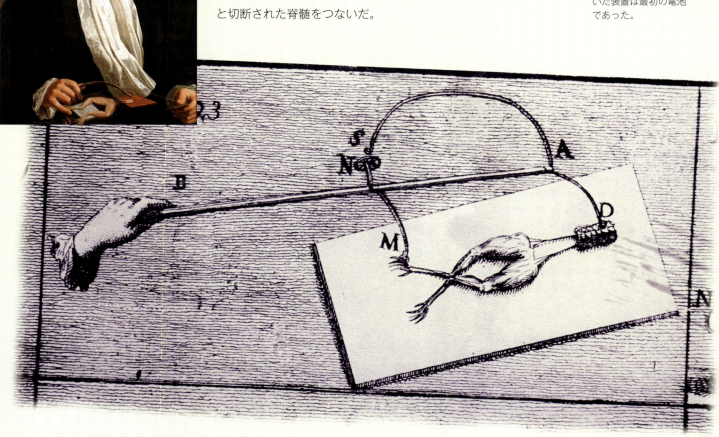

科学革命 * 39

アレッサンドロ・ボルタと彼の「ボルタ電堆」(19世紀の変わり目の頃)。その名が示すように，電気単位のボルトは彼の名前に由来する。ボルトは電流を回路に流す力を表す単位である。

フランケンシュタイン

ガルヴァーニの甥のジョヴァンニ・アルディーニは動物電気をショーに変貌させた。彼はヨーロッパツアーも行い，処刑されてまもない囚人の死体を電気で刺激して震えさえたり痙攣させたりするショーを行い喝采を受けた。メアリー・シェリーは電気で生き返らせた怪物の物語『フランケンシュタイン』の著者であるが，彼女はアルディーニの恐ろしいパフォーマンスにインスピレーションを得たといわれている。

1994年の映画のワンシーン。フランケンシュタイン博士がモンスターに電気を流す準備をしている。

脊髄には脚の筋肉を制御する神経が含まれていた。こうして，彼は「動物電気」がカエルの脚の筋肉を流れる結果，その脚を痙攣させることができる電気回路を作成した。しかし，この電荷の流れはどこから来るのであろうか。ガルヴァーニは生き物に特有な生命の力を発見したと信じたが，30年後，別の科学者が動物なしで同じ作用を作りだす方法を示した。

ボルタ電堆

ガルヴァーニの金属製アーチは体液がにじみ出る新鮮な筋肉を使ったときにしか作用しなかった。イタリア人のアレッサンドロ・ボルタは肉の代わりに塩水に浸した木材パルプを使用した。彼は，重要なのは2種の金属であり，それらが反応し合い，なんらかの方法で電気が一方から他方へと流れることに気づいた。ボルタは2種の金属を一組として組み合わせたものを柱のように積み上げて効果を最大にした。彼の最初の「ボルタ電堆」(ボルタ電池ともいう)は，湿った木材パルプをはさみながら銀貨と亜鉛の円盤を交互に積み重ねるという作業を繰り返して作られた。積み重ねられたものの頂上と底をワイヤーでつなげると電気を流すことができた。つまり，ガルヴァーニの動物電気はボルタが「熱電気」と呼んだものと同じであったということだ。なぜ同じなのかを解明するためには，物理学者は自然が何からできているのかをさらに見いだしていかねばならなかった。

電池

現代の電池はボルタ電堆と同じ原理ではたらく。二つの物質(陽極と陰極)は反応し合うように作られている。二つの物質が反応しているときに，電子が陽極から陰極に流れる。電池はこれら二つの反応物質が接しないように設計されている。それゆえ，電子は「電解質」と呼ばれる液体を通ってその二つ物質のあいだを流れる必要がある。電流はこのようにして生じる。

31 原子論

1803年に，ある英国人科学者が型破りなことをした。古代ギリシアの哲学者以来，長年にわたって維持されてきた自然観の誤りを立証する代わりに，彼は，古代の理論の一つが本当に正しいことを示したのである。デモクリトスの原子は，本当に物質の基本要素であったのだ。

19世紀になる頃までに，「空気圧」を研究する科学者らは，空気が実は二酸化炭素，窒素，酸素といった気体の混合物であることを明らかにしていた。また，化学反応によってさまざまな種類の気体が生じることを発見した。水素を例にとると，水素と酸素を一緒に燃焼させると水ができる。こうして自然界の物質に対する古典的な見方は崩れ去った。新しい基本的物質が次々と発見され，基本的物質が多数存在することが明らかになったのだ。つまり，土や水や空気は，自然界の基本要素ではなかった。火は単に輝く熱い気体であることが証明された。

気体の混合物

英国人のジョン・ドルトンが気体の特性を考え始めたのにはこうした背景があった。1738年にダニエル・ベルヌーイは，気体が及ぼす圧力を表す難しい数式を編み出した。その数式は，一定の速さで運動している理論上の質点の集まりが容器の内部を連続的に少し押すことによって圧力が生じていることを表していた。一方ドルトンは，別の方向からこの問題に行き着いた。それは天気予報であった。

20代前半の頃，ドルトンは日々の気象状態を記録し始め，1844年に亡くなるまでこの習慣を続けた。毎日のデータには大気圧の変化が含まれていた。大気圧はブレーズ・パスカルの時代から気象の変化に関係していることがわかっていたのである。

空気と天気の関係の謎を解こうとするうちに，ドルトンは多くのことに気づいた。気体のふるまいを説明するために，二つの気体の法則（シャルルの法則とゲイ＝リュサックの法則）がボイルの法則に加えられたことを彼は知った。また当時，空気は絶えず流動している気体の混合物であるとの認識が確立した。このことが，変わりやすい英国の天気でも裏付けられたわけである。ドルトンの最初の貢献は，空気の全圧は，空気中の異なる種類の気体が及ぼす「分圧」に分けることができることを示したことであった。この考えは，今日で

ジョン・ドルトンは大人になってからの人生の大半を英国のマンチェスターで過ごした。マンチェスターは英国の都市であり，ドルトン以降，この地で原子論に関する多くの大発見がなされることになる。

拡散

空気圧に関する化学的研究の初期に発見された気体のほとんどは無色であったが，そうでないものもあった。たとえば，二酸化窒素は，明るいオレンジ色で強い臭いがある。こうした気体が科学者に示したことは，気体は拡散するということ，つまり，気体は容器の容積がどれだけ大きくても容器中に均等に充満するまで必ず広がるということであった。

はドルトンの法則として知られている。

拡がっていく

ドルトンの法則はまた，混合状態にある気体はお互い独立に拡散することを指摘している。つまり，混合気体は容器のすべての場所でそれぞれの気体がもつ分圧を及ぼし続ける。いいかえると，同体積の純粋な気体を二種類混ぜると，採取した混合気体中のそれぞれの気体の割合は必ず半分ずつとなる。ドルトンはこのことから，気体に物理的特性を与えるものが何であれ，また圧力を及ぼすものが何であれ，すべての気体は特定の基本となる物質からできているということに気づいた。

物理的性質と同様に，気体の基本的ななりたちの影響は化学的性質にも現れた。ドルトンは多くの実験を行い，水素や酸素といった元素がどのように結合して水のような化合物を形成するのかを調べたところ，元素は必ず決まった整数比で結合した。たとえば，炭素と酸素は1：1の割合で結合して一酸化炭素を形成した。この生成物を燃やすと二酸化炭素が生じたが，この気体の炭素と酸素の比率は1：2であった。これがドルトンの「定比例の法則」であった。

同じ実験は，それぞれの気体の重さが異なることも示していた。水素と酸素は同じに見えるが，フラスコいっぱいの酸素はフラスコいっぱいの水素より著しく重かった。これこそ最後の証拠であった。ドルトンは1803年に，気体は目に見えない小さな粒子からできていること，それらの粒子は古代ギリシャ時代と同じく「原子」と呼ぶべき存在であることを提唱した。気体は液体や固体に変化したり，また元に戻ったりできることから，万物はこうした原子からできていることが推測された。ドルトンの理論によると，一つの元素に属する原子はみな同じであるが，元素が異なれば原子も異なる。ここで，物理学者の前に新たな問題が現れた。原子は何からできているのだろうか。

ドルトンの元素表は，原子の重さを基準に作成されており，水素より重い物質の重さが水素の重さを1としたときの倍数で示されている。示されている重さは不正確であり，元素でないものも載っていた。こうした誤りがあるとはいえ，ドルトンの元素表は，科学が大きく前進したことを表している。

分　子

ドルトンは，化学反応とは，原子が結合したり，分離したり，再配列されたりする過程であると述べた。彼は自分が発見した元素の結合における整数比を再検討し，特定の配置をとる原子の集まりが作られているのではないかと考えた。その数年前に，このような原子の集まりには「分子」という名前がつけられていた。化合物においては，分子が，これ以上分割できない最小の要素である。もし分子を分割したら，分割されたものは同じ物質でなくなる。

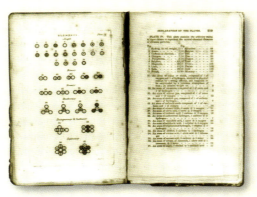

ドルトンは，分子を図で表したり，原子が結合する方法を視覚化するために木製の原子模型を作ったりした。

32 光は波である

電気と熱は直接観察できない。そのため，電気と熱の性質はその作用から間接的に推測するしかない。一方，光は少なくとも見ることができる。19世紀までに，光に関する二つの理論が確立されていた。どちらかの理論を疑問視するということは，疑問視した人の忠誠心が問われることを意味した。

18世紀全般にかけて，国家間の緊張が光の性質の研究に暗い影を落とした。1678年にオランダ人のクリスティアーン・ホイヘンスが，光は波であると述べた。その30年後，英国科学界の巨人アイザック・ニュートンがホイヘンスの考えを否定し，光は粒子の流れであるという「光の粒子説」を提唱した。ニュートンがこの説を気に入ったのは，この説ならほかの動いている物体と同じように光を扱うことができたからであった。つまり，光はニュートンの運動の法則に従って宇宙を跳ねまわっている微小な物体というわけだ。

ニュートンがこの理論を発表した頃には，彼は世界でもっとも権威ある科学者となっていた。彼は，光の粒子説をはじめ，ヨーロッパの科学者が異論を唱えた多くの問題について一切の反論を許さなかった。彼のこうした性格の影響は死後も続き，英語圏の科学者は全員ニュートンの教えに従うことを期待された。

この縞模様は，干渉し合う光線により生じる。これは，光が波としてふるまうことの決定的証拠である。

広がる波

　ヨーロッパ大陸の状況は逆であった。すなわち，ルネ・デカルトの光の理論を支持する者も若干はいたものの，大半の科学者はホイヘンスの考え方を支持した。ホイヘンスは，光を，光源から一定速度で全方向に伝搬する周期的な振動として表した。さらに彼は，光波が障害物に出合ったときにどのようにふるまうかを幾何学的に示した。それによると，波面上の各点が新たな光源となって全方向に「さざ波」が送り出される。ホイヘンスの理論は光のふるまいの多くを説明できた。そのなかには，ニュートンの理論では説明できなかった現象も含まれていた。もっとも重要な点は，二つの光線がどのように相互作用するかを説明できたことである。

　その当時まだ20代であった英国の医師トマス・ヤングには，ニュートンの見解に反論する十分な若さと勇気があったと見える。（ベンジャミン・フランクリンも波動説派であった。）ヤングの見解に対する非難の嵐はすぐに衰えた。1804年までに，彼は二つの実験によって，ホイヘンスが正しいことを証明したからだ。

光の波動論によると，光は水中のさざ波のようにふるまう。

水と光の出合い

　最初の実験でヤングは，リップルタンク（さざ波を作るための水槽）を使って，波のふるまいを観察した。この実験ではまず，二つの波面を衝突させる（干渉させる）と，二つの波がどのように合わさって大きな波になったりお互い打ち消し合ったりするのかを示した。彼は次に，まっすぐに進む水波を小さなスリット（隙間）に向けて流した。スリットを通り抜けた波は，全方向に伝搬していった。この結果は，ホイヘンスが光について説明した内容と同じであった。今度は，スリットを二つにして同じように波を送ると，スリットを通り抜けた波は二つの波紋となり，重なった波は特有のパターンを示した。

　それからヤングは，光線をスリットに通す実験を行った（囲み記事参照）。反対側に現れた光の縞模様は，光がリップルタンクの水波と同じようにふるまうことを示した。これが有名なヤングの実験である。

ヤングの干渉実験

　二重スリット実験とも呼ばれるこの演示実験は，物理授業の定番である。最初のスリット（隙間）は，一つの同心円状の波面を送り出す点光源を作る。次に，点光源からの波は次の二つのスリットにたどりつき，二つの点光源が作られ（遮蔽物にさえぎられないかぎり）全方向に伝搬する。伝搬した波は重なり合って互いに干渉する。波には山と谷があり，二つの波が重なると足し合わされた波ができる。山に新たな山が加わると，より高い波（より明るい光）が作られる。同じことが谷と谷が出合うときにも起きる。しかし，山が谷にぶつかった場合は，お互い打ち消し合って波が消え，暗い光となる。下図では，赤い線が波の山を表し，黄色の線が谷を表す。光が干渉し合った結果，光と影の縞模様が映し出される。これこそ光が波である証拠である。

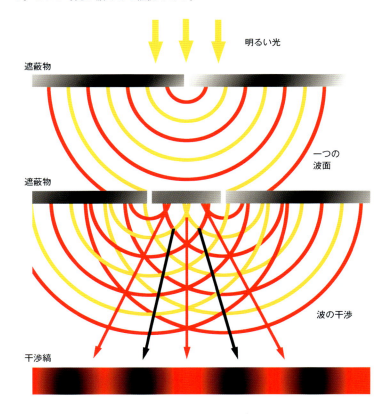

33 可塑性と弾性

1660年代のフックの法則は力と伸びを関係づけたが，さまざまな材料には固有の硬さがある。トマス・ヤングの名にちなんだヤング率は，この硬さを定量化する際に使われる。

輪ゴムのヤング率は非常に小さいので，小さな力で長く引き伸ばせる。引き伸ばされた輪ゴムは元の長さまで縮むか，ちぎれてしまうかである。

今日ヤング率と呼ばれる比例定数のアイデアは1720年代にスイス人数学者のレオンハルト・オイラーが思いついた。ヤング率とは各種の物質に特有の値であり，実験によって測定される。ヤングは1807年に多くの実験結果を発表したが，そのときからこれらの値はヤングの名前を冠してきた。ヤング率は，引張応力をひずみで割り算して計算される。応力とは，物体に作用する単位面積あたりの引っ張る力である。ひずみとは物体の伸びの割合である。ヤング率は，物体の伸びが元に戻らなくなる限界点（弾性限界）を超えるまで有効である。弾性限界を過ぎて応力が増すと，永久的な変形，すなわち塑性変形が起き，最終的には破損する。鉄のヤング率は大きいが，これは鉄が硬くあまり伸びないことを意味する。反対に，ゴムのヤング率は小さい。

この「応力-ひずみ曲線」は，一般的に物体がどのように伸びるかを示している。直線部にはフックの法則が適用される。点1は比例限界で，この点を超えるとひずみが応力に対して比例しなくなる。点2は，弾性限界である。点3でひずみが取り除かれた場合，物体は縮んで短くなるが，完全には元に戻らず永久に少し伸びた状態となる。

34 電気と磁石の出合い

現代の世界は，無尽蔵ともいえる電気エネルギーを利用した科学技術によって支えられている。その科学技術は，電磁気学という，偶然の発見によって生まれた物理の一分野の上に築かれた。

1820年までは電気と磁気は別個に研究されていた。それまでは，鉄のみが磁石として作用すると考えられてきた。コンパスの針のような人工磁石は，磁鉄鉱を自然磁石に沿って丹念に何度もこすりつけるか，南北に並べて穏やかに熱しながら軽く叩くかして作られた。電気は完全に別な現象で，スパークや，開発されてまもないボルタ電堆のような化学反応を利用した電池によって，電気を帯びた流体が移動するなどと考えられていた。

しかし，これら二つの現象のつながりが見いだされつつあった。たとえば，稲妻に打

たれた家のなかにある鉄製ナイフは，磁気を帯びた状態になることがよくあった。

偶然の発見

デンマークのコペンハーゲン大学の教授であったハンス・クリスティアン・エルステッドは，科学と哲学の両方に貢献した真の意味での自然哲学者の最後の一人であった。彼の専門のなかにはカント哲学の研究も含まれていたからである。ドイツ人哲学者イマヌエル・カントは，根本的には同一な自然秩序の異なる側面として科学のさまざまな現象を捉えていた。エルステッドのもっとも偉大な科学的業績が，カントの見方の正しさを示したことであったのは，運命のいたずらといえるだろう。

1820年の4月に，エルステッドは，実演用のボルタ電堆を用いて電流が金属線に及ぼす加熱作用について講義を行った。その机の上には，のちの講義で使う方位磁石が置いてあった。電流を流したとき，方位磁石の針が回って熱くなった金属線を向いたことにエルステッドは気づいた。電流を切ると，方位磁石の針は元どおりに北を向いた。エルステッドはこれが何を意味するかを即座に理解した。電流が金属線を一時的に磁石に変貌させたのだ。（今日ではこのような装置を電磁石と呼ぶ。電磁石は磁力をオン・オフできるとても便利な磁石といえる。）

エルステッドは，この現象には熱が大きく関係しており，磁力は熱や光のように金属線から発せられていると考えた。しかし，（より熱くなる）細い金属線を試してみても，磁気効果はあいかわらず弱いままであった。彼の仮説は誤りであったが，ここから電気と磁気の関係が明らかになっていき，電磁気学が誕生した。

エルステッドがダニエル電池を使って電磁気現象の発見を披露している。ダニエル電池は，塩水のなかに隔てて置かれた二つの電極の化学反応で電気を作る。

アンペア

エルステッドの発見は，フランス人アンドレ＝マリ・アンペールの研究によって確かめられ，検討が加えられた。数カ月後，アンペールは電磁気の力にエルステッドよりも明解な描像を与えた。電流が流れている2本の金属線は，金属線1本と磁石のときと同じようにふるまった。彼はまた，金属線が発生させている磁力の極性が，電流の向きによって変わることを見つけた。反対向きに流れる電流は反発し合う磁力を生む一方，同じ向きに流れる電流は互いに引き合った。電流の単位Aは，彼をたたえて名づけられたampere（アンペア）の頭文字である。

アンペールはエルステッドの実験をパリにある彼の実験室で繰り返した。

35 熱電効果

熱と電磁気にまつわるさらなる発見は，電磁気学の重要な法則の一つを生み出した。

ベルリン大学の研究者トマス・ゼーベックは，熱を使ってさまざまな金属の磁化を研究していた。1821年に彼は二種類の金属でできたループ（輪）の片端を熱したときにループが磁性を帯びたことに気づいた。エルステッドはこの話を聞き，電流がループを流れているからだと助言した。温度の違いが電荷の偏りによる位置エネルギー（今日では電圧としてよく知られている）を生じさせ，導体に電流を引き起こす。ゼーベックは，熱エネルギーと電気エネルギーとが互いに変換される熱電効果を発見したのである。別のドイツ人がこの熱電効果を使って，電圧（V）と電流（I）と抵抗（R，物体内での電流の流れにくさを表す量）との関係を研究した。彼の名前はゲオルグ・オーム。彼が発見した $V=IR$ の法則はオームの法則と呼ばれるようになったが，抵抗の単位（オーム［Ω］）にも彼の名がつけられている。

ゼーベックの金属ループの複製。片方の端を熱すると，ループの内側に置かれた方位磁石の針が動くので，電流が生じていることがわかる。これがいわゆるゼーベック効果である。

36 熱機関

19世紀の初めに物理学者が小さいけれども重要な歩みを進めていたときに，技術者は大股で大きく前進していた。その頃には熱を利用した巨大な蒸気機関が活躍していた。蒸気機関の構造は大きく改良されていたが，背後にある理論は手直しが必要だった。

当時，蒸気機関の技術の中心は英国であった。ジェイムズ・ワットやマシュー・ボールトンのような人々が製造した蒸気機関のおかげで，英国は世界で最初の産業国になった。そのため，若きフランスの軍人サディ・カルノーが始めた熱機関（エンジン）の研究に注目する者はほとんどいなかった。しかし，彼の研究は，より高性能な熱機関の製造に重要となっただけでなく，エネルギーの本質に新たな光をあてた。

カルノーの父はいささか乱暴なフランスの革命家であったため，そのことが息子の軍人としてのキャリアを妨げた。

そこでカルノーは蒸気機関の研究に専念した。蒸気機関は，水を沸騰させ熱い蒸気にすることで作動する。蒸気が膨張するときに，機械の部品を押し動かして「仕事」をするのだ。カルノーは，熱がどのように運動に変換されるのかに興味があった。彼は，今日「カルノーサイクル」の名で知られる理論上の熱機関で起きる四つの段階を想定した。第一段階では，熱い

サディ・カルノーは熱とエネルギーについての研究を1824年発行の著作『火の動力についての考察』のなかで公開した。彼が自分の研究が与えた影響を知ることはなかった。1832年，彼は躁病と精神錯乱に苦しみ精神科病棟に入院し，36歳になってまもなく生涯を終えたからである。しかし，没後に彼は「熱力学の父」と呼ばれるようになった。

気体は膨張し，熱を失わずに仕事をする。第二段階では，気体の膨張が続くが，気体は自身の熱エネルギーが運動に変換される際に冷やされる。第三段階では，気体は機械により圧縮されるが，温度は上がらない。第四段階では，さらに圧縮することで気体が熱せられる。カルノーの理想化された熱機関は，どのように熱が仕事をして，どのように仕事が熱を生み出すかを示した。彼の理論上の熱機関がする仕事は機関が受け取った熱と放出した熱の差に等しい。はたして，熱機関は理論どおりに動いてくれたのであろうか。

吸入　　圧縮　　仕事（爆発）　　排気

4サイクルの自動車のエンジンは，ドイツ人のニコラウス・アウグスト・オットーの名前にちなんだオットーサイクルの改良版を使用している。これはカルノーサイクルをもとにしているものの，可動部内部の燃焼による熱を利用している。よってこれは内燃機関である。

37 ブラウン運動

ロバート・ブラウンは，本書に登場する唯一の植物学者である。花粉を顕微鏡でのぞくことが物理学上の発見に結びつくなど思いもよらないことといえよう。ブラウンが見たものは，原子が実際に存在することの，目に見える最初の証拠となった。

植物学は，19世紀初期には最先端の科学であった。植物学者兼探検家のジョセフ・バンクスは，英国王立協会の会長であった。ロバート・ブラウンも，バンクスと同じように何年も海外で過ごして標本を集めた。1827年に，彼はカッコウセンノウ（アメリカ大陸の太平洋岸北西部に分布する，ピンク色の花をつける野草）の花粉を顕微鏡で観察した。彼は，小さな粒子（でんぷんと油の小胞）が水中に放出され，それらが小刻みに揺れながらあらゆる方向に動き回りだしたことに気づいた。1785年に，ヤン・インヘンホウスは，アルコールに浮かべられた炭の微粒子に同じ現象を見て，微粒子が生きているように見えると評した。ブラウンは反対に，動きは物理学的な原因によるものであって生物学的ではないと主張した。その90年後，アルベルト・アインシュタインによって，いわゆる「ブラウン運動」は，微小な物体が振動している原子や分子から繰り返し衝突されることによって生じると説明された。

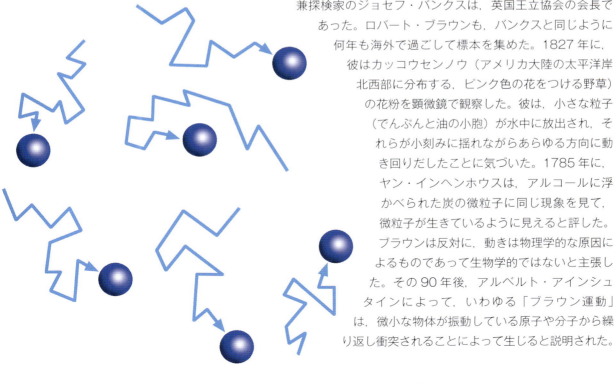

ブラウン運動中の粒子の軌跡を追跡すると，まったく不規則なぎざぎざした線になる。顕微鏡で見える粒子の運動は，小さすぎて顕微鏡でも見えないたくさんの速く動く粒子との衝突によって生じる。この無秩序な運動を分析することで，それらの見えない粒子が存在することが証明できる。

古典物理から現代物理へ
38 電流の誘導

1856年にロンドンの王立研究所で彼の発見について講義を行うマイケル・ファラデー。彼は1825年以降、一般人向けにクリスマス・レクチャーを開催するという伝統を作った。クリスマス・レクチャーは今でもトップレベルの科学者によって毎年行われ、世界中に放映されている。

磁石と電気の関係が確立され、人々はその力を利用して運動を生じさせる方法を探し始めた。最初に成功したマイケル・ファラデーは、逆に運動から電流を生みだせることも発見した。

英国人の著名な科学者ハンフリー・デイヴィーと同僚のウィリアム・ウラストンは電気分野の研究において第一人者であった。1807年に、ウラストンはロンドンの王立研究所の地下室でボルタ電堆(でんたい)の巨大な電池を製造した。この研究所は、街の反対側にある王立協会に対抗する新しく設立された研究所であった。デイヴィーはこのボルタ電堆から発する電気エネルギーを使って、さまざまな化合物に対し、それらを構成している基本的な物質に分解する実験を行った。研究の過程で、新たにナトリウム、カリウム、マグネシウムなどの五つの元素が発見された。

1813年に、20代になったばかりの見習いの製本工が、偉大なデイヴィーによる電気についての講義を聞きに来た。この若者がマイケル・ファラデーである。彼がそのときとった講義ノートに感心したデイヴィーは、ファラデーを助手として招いた。

モーターといさかい

ファラデーはデイヴィーとウラストンに加わり、電気と磁気の引力と斥力を回転運動に変換する電気モーターの開発をめざした。ファラデーは、1821年、エルステッドの電磁気の発見をもとに世界初の電気モーターを作製した。しかし、二人の師を差し置いたことが師の怒りを買った。

ファラデーは電磁気のさらなる研究を制限され、研究を非公開にしか行うことができなかった。

彼は、磁石が電流を妨げることができるかどうかを調べた。その結果、磁石は電流を妨げることはできないし、

ヘンリーと自己誘導

電磁誘導の物語に登場するのはマイケル・ファラデーだけではない。この英国人の発見と同じ年に、米国人の研究者ジョゼフ・ヘンリーは同じ現象を異なる実験で発見した。彼は自己誘導の発見者として名を残している。ヘンリーは、銅製のコイルでできた電磁石を用いた実験をしていたときに、電流を切ると火花が生じることを発見した。電流が消えていくときに変化する電磁場がコイルに瞬間的な電圧を逆向きに誘導したため、火花が生じたのだ。

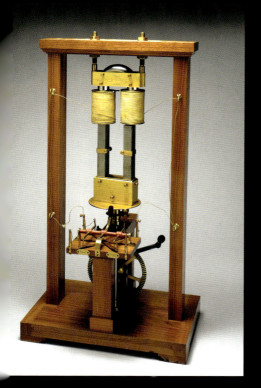

また光にも影響しないことがわかった。

デイヴィーの没後，ファラデーはより多くの時間を電磁気の研究に費やし，1831年についに飛躍的な進展を成し遂げた。彼はそのときすでに，鉄のまわりに巻いた金属線に電流を通すと電磁石になることを知っていた。では，鉄の輪に二つのコイルを巻きつけた場合はどうであろうか。一方のコイルに電流が流れたとき，ファラデーはもう一方のコイルに一瞬だけ生じる電流を検出した。これが電磁誘導であった。それからファラデーは，磁気の変化によって電流（実際は電圧，つまり電流を押し出す力）が誘導されること示した。さらに，磁石を回転させると「磁場」が絶えず変化して，つねに電圧が誘導されることを見いだした。今日の発電機は世の中を動かす原動力であるが，それは電磁誘導現象に支えられている。

ピクシーの発電機は，ファラデーの誘導法則に基づいて電流を生成する最初の装置であった。永久磁石が回転して，金属線に電流を誘導した。この装置は，1832年にフランス人のヒポライト・ピクシーによって発明された。

39 ドップラー効果

わたしたちは，救急車がサイレンを鳴り響かせながら急いで通り過ぎるときにこの現象に出会っている。このときわたしたちに聞こえる音の高低の変化は，「ドップラー効果」と呼ばれるが，もともとは光の現象として提案されたものであった。

1842年に，オーストリア人物理学者クリスチャン・ドップラーは，光線が遠く離れた星から地球に届くとき，光の波動性がどのように影響するかについて考えた。ニュートンは，色は人間の目が光の波長（青色は赤色より短い波長をもつ）を捉えた結果認識されると提案した。それならば，発光源が動いているときには何が起きるであろうか。波のなかを進む船は波の山に出合う回数が増える。ドップラーは，わたしたちに接近してくる星の光の振動も同じで，振動数が増し，その結果，星は青色に近づいて見えると述べた（「青方偏移」）。反対に，星がわたしたちから遠ざかっていくとき，星の色に「赤方偏移」が生じると予測した。ドップラーは，同じ現象が音波にも起きることを示唆したが，この考えが正しいことは1845年にボイス・バロットによって証明された。

近づいてくるパトカーのサイレンの音波は甲高い音に圧縮される。音源が通り過ぎ，遠ざかっていくときには，音波は引き伸ばされ長い波長になるので音は低くなる。

40 熱力学の最初の法則

ユリウス・ロベルト・フォン・マイヤーの着想源は風変わりであった。彼は，荒々しい波と血の色からひらめきを得た。「エネルギーは不生不滅である」という彼が達した結論は，熱力学の第一法則となった。

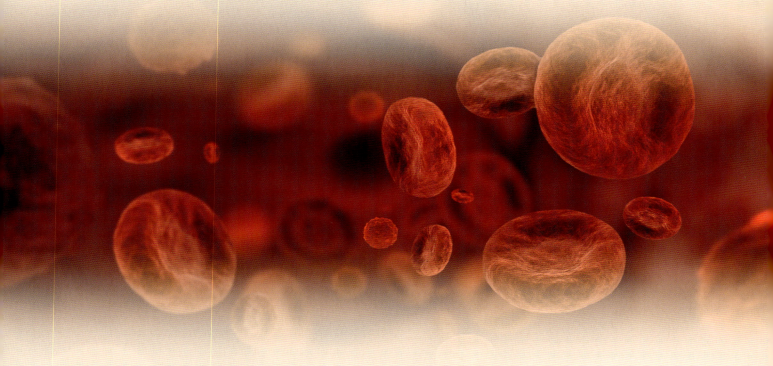

マイヤーは不幸な中年期を過ごした。自分の二人の子どもの死により精神を病み，彼は1850年代をずっと精神病院で過ごした。

この物語の主人公はただ単にロベルト・マイヤーと称されることが多い。彼が若い頃はドイツのテュービンゲンで医師をめざして勉強していたが，急進的な政治活動に関与したことで政府と衝突した。1837年に強制退去となったマイヤーは，医師の資格をかろうじて保持しており，海外ではたらくことを選んだ。最終的にオランダ領東インド（現在のインドネシア）行きの船の内科医として契約に署名した。

熱い血

航海中に彼は二つの現象に気づいた。第一に，時化のときの海の波は，凪のときより温かかった。運動により水が温められたのであろうか。第二に，負傷した船員から流れ出る血は，温暖な気候下では鮮紅色であった。鮮紅色の血は，黒ずんだ血より酸素を豊富に含む。マイヤーは，温かい気候下では船員が体温を保つために消費する酸素量が少ない（余剰分は血中に残る）ことに気づいた。これをマイヤーは，熱と力学的仕事（物体の運動）が互いに入れ替わることのできる同じもの，つまりエネルギーの二形態である証拠として捉えた。1842年の論文でマイヤーはまた，エネルギーは保存され，二つの形態のあいだをエネルギーが行き来しても，その総量は変化しないと主張した。このエネルギー保存の法則は，熱力学の基本概念である。

酸素は血液中の赤血球によって運ばれる。赤血球はヘモグロビンという運搬を担う化学物質を含んでいる。ヘモグロビンは鉄を含むので赤く見える。ヘモグロビンそのものの色は深紅だが，酸素を運んでいるときは明るい鮮紅色になる。

41 熱の仕事当量

ジュール

エネルギーの単位は，この英国の物理学者に敬意を表しジュール（J）と名づけられた。1 ジュールは 1 ニュートン・メートルに等しい。1 ニュートン・メートルは，物体が 1 メートルにわたって 1 ニュートンの力を加えるのに必要なエネルギーである。1 ニュートンは，1 キログラムを 1 秒で毎秒 1 メートルの速さまで加速するのに必要な力である。すべてあわせると，$1\,\text{J} = 1\,\text{Nm} = 1\,\text{kg}\,\text{m}^2/\text{s}^2$ となる。

科学界は，ロベルト・マイヤーの画期的な発見の重要性を理解しなかった。その後まもなく，英国人のジェイムズ・ジュールが有名な実験を行い，同じアイデアをよりわかりやすい方法で研究した。

ジェイムズ・プレスコット・ジュールは，家業の醸造業を営むよう育てられた。しかし，彼もまた，あの偉大なジョン・ドルトンの個人指導を受けた結果，科学に魅了されていった。当初彼は電気を研究し，しばしば家庭に電気ショックを与えていた。彼の最初の発見は，ワイヤーの加熱とワイヤーを通る電流との定量的な関係であった。

仕事当量

「ほかにもエネルギーを定量化する方法はないだろうか」と考えたジュールは，醸造所の蒸気機関を電気モーターと取り換えることを検討した。彼はまず，両システムの効率を比較したいと考えた。そのためには，供給される熱からどれくらいの力学的な仕事を得ることが見込めるかを知る必要があった。

1843 年に，ジュールは熱の仕事当量を測定する機器を考案した。落下するおもりが，水を満たした密閉容器のなかに設置されたかくはん機を回転させるようにした。ジュールは，落下するおもりの運動エネルギーが水に伝わると，

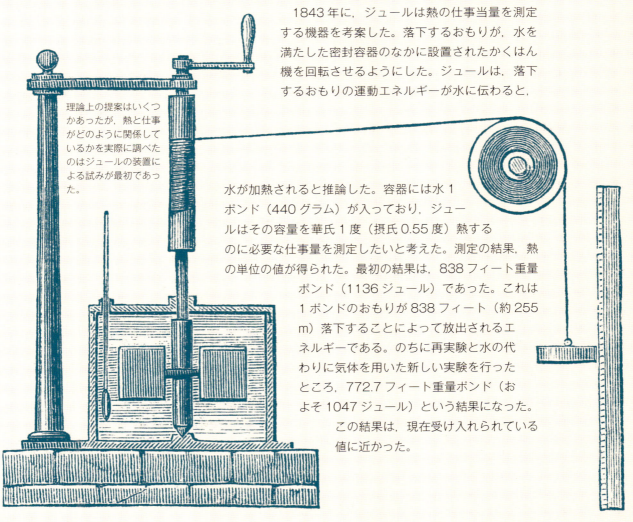

理論上の提案はいくつかあったが，熱と仕事がどのように関係しているかを実際に調べたのはジュールの装置による試みが最初であった。

水が加熱されると推論した。容器には水 1 ポンド（440 グラム）が入っており，ジュールはその容量を華氏 1 度（摂氏 0.55 度）熱するのに必要な仕事量を測定したいと考えた。測定の結果，熱の単位の値が得られた。最初の結果は，838 フィート重量ポンド（1136 ジュール）であった。これは 1 ポンドのおもりが 838 フィート（約 255 m）落下することによって放出されるエネルギーである。のちに再実験と水の代わりに気体を用いた新しい実験を行ったところ，772.7 フィート重量ポンド（およそ 1047 ジュール）という結果になった。この結果は，現在受け入れられている値に近かった。

42 エネルギーは一つ

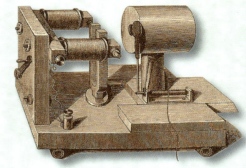

その当時の多くの物理学者のように，ヘルマン・フォン・ヘルムホルツは，科学に情熱を抱く医者であった。彼の幅広い技術と興味のおかげで，根本的な物理学的事実の一つが明らかになった。

若いヘルマンは，父親から医学の道に進むよう強要された。というのも，当時のドイツでは，医学生に対する奨学金があったからである。（純粋な科学研究は，富裕層のものであった。）ヘルムホルツが物理の歴史に名を連ねているのは，彼がエネルギーの理解の範囲を広げた最初の人物だからである。彼は，音，光，光学（彼は目の内部を見る検眼鏡を発明している），神経内の電気パルス，電磁石のまわりに生じている力の場に関する物理に興味をもった。ヘルムホルツは，これらすべての現象の背後には頻繁に形を変えるが常に保存されているエネルギーという単一の量があることに気づいた。彼は，1847年にこの概念の最初の数学的証明とともに研究結果を発表した。

ヘルムホルツの共鳴器は，電場によって音叉が振動し，その振動が円柱型の空洞に伝わり音を発生する仕組みであった。アレクサンダー・グラハム・ベルは，この装置が電気信号を音に変換する変換機だと勘違いしたが，それが彼の電話の発明につながった。

43 絶対温度

エネルギーとは何であろうか。ジェイムズ・ジュールは，熱エネルギーは実際には原子と分子の運動であると示唆した。ジュールの示唆は，あるスコットランド人科学者に原子と分子が運動を止めたら何が起こるかを深く考えさせる契機となった。

ブラックとラヴォワジエの時代から，熱は物体間を移動する流体であると考えられてきた。ジェイムズ・ジュールの提案はより実験結果に合致するように見えた。なぜ熱い気体は高圧になるのかは，熱い気体中の分子がより速く動き回り，より高い頻度でものに衝突するからであると説明できる。同様に，固体から液体への状態変化は，分子が互いに独立して動き始めるからだと理解できる。

叙爵を受け初代ケルビン卿となったウィリアム・トムソンは，スコットランドのグラスゴー大学で講義を行った。彼はその大学で自然哲学の教授を53年間務めた。

つまり，固体の状態では分子は互いに結合しているが，液体の状態では分子は結合が切れて互いのまわりを流動し始める。

そして気体の状態では，原子と分子はすべて独立して自由に動く。スコットランド人の物理学者ウィリアム・トムソン（のちのケルビン卿）は，分子運動のエネルギーを「運動学的」に説明した。つまり，ジュールの動く分子のアイデアは運動学的理論となったのである。

温度は，物質中の分子の平均的な運動エネルギーを示す値である。1848年に，トムソンは，今ではケルビン温度（K）として知られる絶対温度目盛りを提案した。これは，1742年にセルシウスが定義した温度と同じ目盛り間隔を使用した。しかし，セルシウスの温度目盛りが水の氷点を0℃としたのに対し，彼は物質の原子の運動エネルギーがゼロになる温度点を0Kとした。トムソンは，この「絶対零度」は摂氏-273.16℃に相当することを計算で示したが，これは考えられるもっとも低い温度である。

44 光速に挑む

ガリレオは，光速を遠く離れた位置に置かれたランタンを使って測定しようとした最初の人物であったが，その試みは失敗に終わった。人間の目には光は瞬時に動くように見えた。しかし，科学が人間の知覚を超えた測定方法を見つけることになるのであった。

光速の最初の測定はデンマーク人天文学者のオーレ・レーマーが1676年に行った。彼は，木星の第一衛星イオ（1609年にガリレオが発見した4衛星のうちの一つ）の軌道を計算し，イオが地球から見えるときを正確に特定した。彼は次に，理論上の出現と実際の出現との時間差を利用して，光がイオと自分とのあいだを進むのにどれくらい時間がかかったかを測定した。彼の方法は理にかなっていたが，彼が用いた距離の測定値が不適当だったため，算出した値はおよそ25パーセントずれていた。よりよい方法が提案されたのは，1849年になってからだった。

フィゾーの光速測定装置を描いた当時の図面。光源からの光は傾けた鏡に反射して，離れた位置にある鏡（左）に進む。その地点の観察者は光線が一直線になるように調整する。戻ってきた光線は，傾けた鏡を通り抜けて二番目の観察者（右）に到達する。

鏡と歯車

フランス人のイポリット・フィゾーは，制御された光線の速さを測定する装置を作製した。彼は，回転する歯車と歯のあいだを通り抜けた強い光を約8キロメートル先の鏡面に照射した。この歯車の歯は，光を完全に遮断するほど速くは回転しなかったが，ある特定の速さでは反射して戻ってくる光が弱まった。これは，戻ってきた光線が回転する歯車の歯によって遮断されたからである。フィゾーは，歯車の回転する速さから，光線の「飛行時間」を計算することができた。彼の計算結果は313,300キロメートル毎秒であったが，まだ4パーセントずれていた。今日の値は299,792キロメートル毎秒である。後で触れるとおり，この値は宇宙における最大の速さである。

45 分光学が示す重要な情報

レンズの技術が発展するに従い,科学者はかつてないほどの正確さで光を観察し,操作できるようになった。ニュートンは太陽光のなかに虹のすべての色を見いだしたが,新しい光学機器はスペクトル中に複数の「隙間」が存在することを示した。これらの隙間は何を意味しているのであろうか。

木星の衛星の観測に基づくオーレ・レーマーの光速の測定を知ったアイザック・ニュートンは,まず初めにその光が何色かを尋ねた。白色だと聞いてニュートンは,光は何色であれ同じ速さで進むことに満足した。しかし,星(や熱く輝くもの)の色には意味があり,原子自体の内部を一足先にのぞき見る機会を与えてくれた。

闇と光

1814年,バイエルンのレンズ製造者ヨーゼフ・フォン・フラウンホーファーが色収差(物体をぼやけさせ,しばしば正しくない像を作りだす色の作用)の影響を受けないガラス製のレンズを完成させた。彼は,光源の色をきわめて詳細に観測できる分光計(下の囲み記事参照)と呼ばれる装置を作製した。彼は,太陽が発する光を調べた際,一見,色がとぎれなく続いているなかに,暗い隙間が存在することに気づいた。

この隙間はフラウンホーファー線と名づけられたが,その後40年間この異常な隙間は説明されないままでいた。1859年になって,分光計を用いて炎の色を研究していたハイデルベルグの二人組の化学者,ロベルト・ブンゼンとグスタフ・キルヒホフがこの現象を説明した。

彼らは炎の光がとびとびの色の線に分かれることを見いだした。これは,フラウンホーファーが見たものとは反対である。

これらの「発光スペクトル」は,熱せられた元素ごとに異なっていた。太陽光

(上)1850年代にハイデルベルグで共同研究をしていた頃に描かれたロベルト・ブンゼンとグスタフ・キルヒホフ。

(左)ブンゼンは,炎色試験用のガスバーナーを開発した。この装置は,いまだに彼の名前がついており(ブンゼンバーナー),世界各地の実験室で使用されている。

分光計

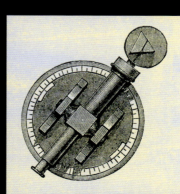

ヨーゼフ・フォン・フラウンホーファーの分光計は,プリズムと望遠鏡を組み合わせた装置であった。白色光は,精巧なガラス製のプリズムによって構成要素の色のスペクトルに分光された後に,望遠鏡によって隅々まで見えるように拡大される。光源からの光線をプリズム上に集光させるために,もう一つ別の望遠鏡を使用した。

のなかに見える線は「吸収スペクトル」であり、この場合特定の元素が相対的に冷めているため、発光する代わりに同じ色を吸収していると推論された。

分光の法則

キルヒホフはこの発見を次の三つの法則に要約した。(1) 熱い固体は色の全スペクトルを生じる(白色光)。

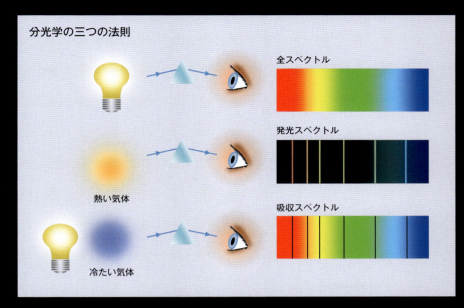

(2) 熱い気体は特定の発光スペクトルで輝く。(3) 冷たい気体はその気体を通り抜ける光に含まれる特定の色を吸収して、スペクトル中にフラウンホーファー線(暗線)を残す。

すべての元素が特定の光の色、すなわち波長の集まりでエネルギーを取り入れたり放出したりするようであった。特定の波長に対してだけ原子が応答するのはなぜであろうか。この答えを見つけるには、量子物理学の登場を待たねばならなかった。

46 マクスウェルの方程式

ジェイムズ・クラーク・マクスウェルは、マイケル・ファラデーの後継者であり、図示的な理解にほぼ留まっていた電磁気学を四つの方程式で表現した。

マイケル・ファラデーは、磁石と電荷の引力と斥力を「力線」の観点から説明した。力線による図示は、今日でも学校の授業に利用されている。この線には矢印がついており、お互いどのように作用し、全体でどのように物体周辺の力場を形成するかを表している。晩年のファラデーは研究を行わなかった。そのため、1860年代の半ばまでにスコットランド人の数学者マクスウェルが電磁気学の中心人物となった。

その前の10年間、マクスウェルはどのように力場が変化するかを研究していた。そして、力場の変化が光速で起こることを発見した。ここに、光波の現象、電流、磁力のあいだに明確な関係が現れた。そこでマクスウェルはこれらの統合に挑戦した。その結果が1865年に発表されたマクスウェルの方程式である。彼の方程式は、電磁場にかかわるすべての変数を計算することができる数学的な道具であった。ファラデーは、重力も場だと提案していた。誰がそうした場の方程式を見いだすのであろうか。それは、アインシュタインであった。

ジェイムズ・マクスウェルは、大学卒業後1年で白色光を赤色、青色、緑色の光線の組み合わせで作れることを証明した。彼は25歳で正教授になった。

… クラウジウスは実年齢より上に見えた。彼の妻は若くして亡くなり，彼は一人で六人の子どもを育てなくてはならなかった。

47 高温から低温へ

1850年にルドルフ・クラウジウスが熱力学の二つ目の法則の原型を提案した。それは，「熱は，ひとりでに低温の物体から高温の物体に移動することはない」というものであった。熱力学には向きがあるように見えた。そこで，クラウジウスはその理由を提案した。

熱力学におけるクラウジウスの業績は，カルノーの理論上の熱機関がもつ明らかな欠陥の上に築かれた。カルノーの熱機関は，すべての熱が仕事に変換され，その後，すべてのエネルギーが再び有用な熱に変換されるということを前提にしていた。実際の機械の不完全さを無視して考えたとしても，クラウジウスはカルノーの熱機関を実現するのは不可能であることに気づいた。彼は，サイクルが反復するごとに残される熱は少なくなり，最終的にこの装置は停止するであろうと推測した。熱エネルギーは消えはしないが，この装置を離れ，まわりを温める。それゆえ，エンジンを稼働し続けるには，エネルギーを絶えず加える必要がある。1865年にクラウジウスは利用可能なエネルギーの減少を新しい別の概念であるエントロピーの増加として説明した。エントロピーとは，乱雑さの指標である。この概念のおかげで，わたしたちは熱力学の二番目の法則を次のようにいいかえることができる。宇宙は，エントロピーが最大となる平衡状態に向かっている。その平衡状態ではエネルギーは均等に分布し，もはや物体から物体へと流れることはない。

クラウジウスのエントロピーという概念は，装置から出ている電線がなぜいつも絡んでしまうのかを説明する。どんなにきれいにそろえてても，電線は結局，乱雑に絡み合う。

48 気体に電気を流す

真空ポンプの性能が十分上がった頃，科学者らは密度の低い気体の管に電気を流すと，発光することに気がついた。しかし，これは普通の光ではなかった。これは本当に光だったのであろうか。

1850年代に，ドイツ人の器具製造者ハインリヒ・ガイスラーは今日ガイスラー管として知られる管を発明した。彼は，ガラス製の管からできるだけ気体を吸引して，準真空状態になった管に電流を流した。すると，不気味な光が現れた。その光の色は管内の気体の種類によって異なった。

ガイスラーが発明した管は，ガス放電灯の原型であった。のちに同じ着想で作られたのがいわゆるネオン管である。今日の省エネ電球は，ガイスラー管の最新版である。熟練したガラス吹き工であったガイスラーは，形状，サイズ，色がさまざまな管を生産し

20世紀になった頃のモンタージュ（合成）画。右端にはガイスラーと彼が製作したかわいらしい形状の管が描かれている。中央のプリュッカーは、コイルを巻いた電磁石を使って蛍光の特性を調べている。左のクルックスは、陰極線管の先端部分に十字架が投影されたところを披露している。見えないビームは、十字架の影を管の末端部分のスクリーンに映し出すほど強力であった。

た。ただ、ほとんどの人にとって、そうした管は科学的好奇心の対象にすぎなかった。

その後、ボン大学のガイスラーの同僚のユリウス・プリュッカーが、管に広がったやわらかい光は磁石によって曲げられることを発見した。これは普通の光にはまったく見られない性質であった。

1870年代までに、ポンプの性能が大きく向上し、英国人物理学者のウィリアム・クルックスが内部の気体の量を1万分の1にした、より大きな電流を流せるガイスラー管を作製した。このガイスラー管（陰極線管）は別の効果を生み出した。電流は、陰極から放出される目に見えないビームを生じさせたのである。このビームが陽極に届くと、不気味な発光が生じた。しかも、ビームは陽極で止まらず、同じ方向に進み続けて陰極線管の先端の蛍光塗料を光らせた。プリュッカーが発見したように、陰極から出てくるビームは磁場によって曲げられた。ビームは、管内の羽根車をも回転させた。この不思議なビームの正体は何だったのであろうか。

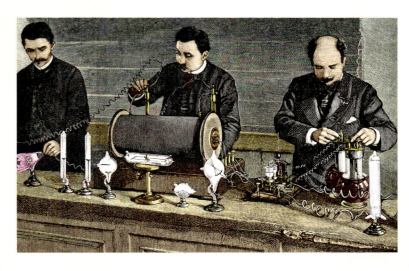

49 ボルツマンの方程式

1870年代、ルートヴィヒ・ボルツマンは他人がなかなか成し遂げられないことをやってのけた。彼は、物理学の一分野の基礎を築いたのである。彼の創設した統計力学では、数学を使って目に見えない原子と分子の動きをモデル化する。彼の方法は機能したが、正しかったのであろうか。

統計力学は、巨視的な物質の目に見える性質を、物質内の目に見えない原子と分子の運動や質量などの特性に基づき、数学を使って説明する。ボルツマンは生涯をオーストリアで過ごし、ウィーン大学で数学の教授を務めているあいだに統計力学を考案した。

ボルツマン方程式は、気体や液体中の粒子の分布を記述する数学的な道具である。粒子が互いに衝突するようすや、熱や電荷といった物理量がどのように物質内を流れるのかを計算するのに使うことができる。ボルツマン方程式のおかげで、物質の熱や電気を伝える能力や流れやすさまで予測できるようになった。この方程式とほかのボルツマンのこまごまとした数式は原子と分子の存在を前提としていたが、その前提は1870年代になってさえ確実とはいいがたかった。ボルツマンの研究は、当時の代表的な科学者の多くに疎まれた。もちろん、のちに、原子論は正しいことが証明されるのだが。それでもボルツマンの方法は非常にうまく機能したので、マックス・プランクのように懐疑的だった科学者でさえ、ボルツマンの方法を最大限に利用することを拒むことはできなかった。

50 テスラと交流電流

30代後半のテスラの写真。彼はその後ニューヨーク市を拠点とし,当時まだ歴史の浅かった電化業界の主要人物となった。

　ニコラ・テスラは,興行的手腕と発明の才能を合体させた19世紀の典型的な「マッド・サイエンティスト」となった。彼は今日の発電と電源システムの基礎を築くというきわめて大きな成功を収めた半面,派手な失敗もいくつかした。ほかの人が彼の発明によってばく大な富を築いたのに対し,テスラは貧困のうちに死を迎えることになった。

　テスラは,現代の世界の構築に貢献した。発電所の発電機,各地域へ電力を供給する変電所,最近登場した電気自動車の電気モーターが存在するのはすべてこの謎めいた天才のおかげである。

　テスラのこうした貢献は19世紀の終わりに米国で成された。米国が並ぶ国のない産業超大国として台頭してきた頃である。トーマス・エジソンが設立した会社のフランス法人で短期間はたらいた後,テスラは1884年にニューヨークに移り,エジソン本人の下ではたらき始めた。数年後,彼はエジソンの非効率な直流(DC)発電機を刷新した。

　エジソンはテスラの交流(AC)電流システムのアイデアに興味があったが,金銭を巡った(支払いがなかったことでの)衝突により,テスラは独立して事業を始めることとなった。

交流システム

　交流電流は,もっとも単純な発電機を用いて発生させることができる。磁石の磁極が

ニコラ・テスラとジョージ・ウェスティングハウスが,交流電流を使った電力システム用の装置を開発したピッツバーグの実験室。

直流電流と交流電流

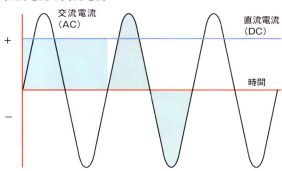

交流電流（AC，黒線）は，電流を流そうとする力，つまり電圧の＋方向と－方向の揺れに沿って常に変化している。交流電流は直流電流（DC）と同じくらい効率的にエネルギーを運ぶ。上部の青線は，交流電流と等価の直流電流を示す。着色部分は，それぞれの電源システムの同等の電力量を示す。現代の電子機器は一方向だけに進む電流を必要とするので，交流電流として供給された電気は機器の内部で直流電流に変換されている。

回転するときに，電流がまず一方向に誘導され，それから逆方向に誘導される。1887年にテスラは交流誘導モーターを発明した。誘導モーターは，交流電流が作りだす絶えず変化する磁場によって回転する磁気回転子をもつ。

翌年，テスラはエジソンの強力なライバルのジョージ・ウェスティングハウスに顧問として雇われた。二人は共同で電気供給事業を展開した。今回は交流電流が供給された。交流電流は直流電流に比べ効率的に発電できる。また，テスラの助力を得て，ウェスティングハウスの交流送電システムは，変圧器を利用して電源の電圧を操作した。変圧器は，電磁誘導を利用して電流の電圧を変化させる装置である。この装置には，電線が巻かれたコイルが二つあり，両コイルは同じ芯（ふつうは鉄塊）でつながっている。一次コイルの交流電流は，二次コイルに電流を誘導する。一次コイルの電線の巻き数が二次コイルより少ない場合，変圧器は受け取ったときより高い電圧で電流を出力する。逆の場合は，電圧が下がる。昇圧変圧器は，長距離送電の際，高圧電流を発生させるために使われる。これは，長距離送電にもっとも効率的な方法であり，熱損失を最小限にする。（直流電流の電圧を上げるのははるかに複雑である。）しかし，高電圧は，家の電化製品を爆発させてしまうので，電圧は家庭に届く前に変電所などで下げられる。テスラのおかげで，世界の電気は今日でも交流電流として供給されている。

テスラコイル

稲妻を吐き出す金属製の毒キノコのようなテスラコイルは，マッド・サイエンティストにとって不可欠な装置である。1897年にテスラが発明したこのコイルは，非常に大きな電圧を誘導することができる変圧器である。通常の変圧器とは異なり，一次コイルと二次コイルは金属製の芯をもたない。代わりに，一次コイルにばく大な電荷が蓄えられるようになっている。蓄えられた電荷をすばやく消失させると，それによって二次コイル（上部にドーナツ型の部品を載せている）に突発的にすさまじい大電流が誘導され，当然の結果として目を見張るような火花が生じる。小さなサイズのテスラコイルは初期のラジオに使われた。巨大なテスラコイルは今日でも落雷や電気事故をシミュレーションするのに使われている。

51 マッハと超音速

音は圧力の波であり、ほかの波と同様に有限な速さで伝わる。ドイツ人物理学者のエルンスト・マッハの名前は、音の速さを超えるときに生じる現象と深く結びついている。

ジェット戦闘機が音速の壁を超える瞬間。機体のまわりの圧縮波によって円錐状の雲が生じている。

1888年、エルンスト・マッハによって撮影された写真。音速で進む弾丸のまわりにできた円錐状の衝撃波を見ることができる。

音は媒質を進む波であり、圧縮と膨張を繰り返す。わたしたちの耳は空気中の振動を検知し、その振動をわたしたちが知覚できる情報に変換する。音波の速さは、音波がどの媒質を伝わるかによって異なる。特定の媒質に対する音速はいくつかの要素によって決まるが、一般的に、圧縮しにくい物質のほうが音の伝わる速さは大きくなる。たとえば、音が水を伝わる速さは空気中よりも4倍速いし、岩を伝わる場合はさらに速くなる。

エルンスト・マッハは光波のふるまいを研究した後、1887年に音波に注目した。当時、波としての音波と光波は構造的に異なるとは考えられていなかった。マッハは、物体が媒質内を音波より速く進むとき何が起こるかに興味をもった。当時「超音速」で進むことができるのは弾丸だけであった。マッハは1年後、弾丸の高速度撮影に成功した。彼の予想どおり、円錐状の衝撃波が弾丸のまわりをとり囲んでいた。衝撃波は発砲音（または今日の高速ジェット機のソニックブーム）のような鋭い音として聞こえる。物体の速さと音速の比は、このドイツ人物理学者に敬意を表して今ではマッハ数と呼ばれている。マッハ1は音速であり、マッハ2は音速の2倍の速さである。

52 エーテルを探す

音波が物質を揺らしながら伝わっていく波であるなら、光もそれと同じようなものであろうか。1880年代になってもなお、光はエーテルと呼ばれる目にも見えず検出もできない媒質を伝わる波だと広く信じられていた。

わたしたちは星が放つ光を見ることができる。したがって、エーテルがわたしたちと星のあいだの空間、つまり全宇宙を満たしているに違いないと信じられていた。ホイヘンスとヤングの時代から科学は進歩していたにもかかわらず、当時でさえ、アリストテレスの「五番目の元素」であるエーテルは、光が空っぽの宇宙空間や、実験室で作られた真空中をどのように進むかを説明するのにもっとも説得力のある理論であった。

エーテルの存在を示すには、「エーテルの風」によって生じるエーテルの引きずりがもっとも有力な証拠になることが示唆されていた。地球がエーテルのなかを進むのであれば、エーテルの流れに逆らって進む光はごくわずかではあるが減速するはずだ。1887年に米国人のアルバート・マイケルソンとエドワード・モーリーはそのことを証明するための装置を設計した。この装置は、光線を二つに分割して、離れた位置にある鏡に送る。鏡で反射した二つの光線は、光源の位置まで戻ってくる。このとき、光線の一つがエーテルの風によって減速し、その光線がもう一つの光線に出合うとき、このわずかな時間差により干渉縞ができることが理論的に予測された。この実験は科学史上でもっともすばらしい失敗の一つとなった。この実験により、エーテルは葬り去られ、光の性質を理解する別の方法に道が開かれたからだ。

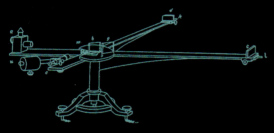

1881年、アルバート・マイケルソンはこの装置を用いてエーテルの風を検出しようとしたが、何の証拠も見つからなかった。1887年のマイケルソン-モーリーの実験は、この実験装置を技術的に改良した試みであった。

これは、1930年に使われたマイケルソン-モーリーの装置の改良版である。この装置によって、光速が地球の相対運動の影響を受けないことが示された。そのときにはすでに、アルベルト・アインシュタインによってなぜそうなのかが説明されていた。

53 無を通る波

　ジェイムズ・クラーク・マクスウェルは晩年に、電磁気学に関係する波は光だけではないと予想した。1887年（この年は物理学にとってすばらしい一年になった）、ヘルツという才気あふれる若いドイツ人が一躍有名になろうとしていた。

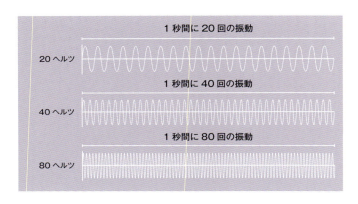

今日、ヘルツという用語は周波数（1秒間に何回振動するかを表す量）の単位（Hz）となっている。ヘルツはサイクル毎秒（cps）とも表される。上の図では、上から下に向かうにつれ周波数が増加している。

　マイケル・ファラデーは電場とそれに関係する磁場の向きは互いにいつも直角であることをすでに見つけていた。つまり、マクスウェルの方程式が示すように、電磁波としての光は、音波のように進行方向に揺れる波ではないことを意味した。その代わりに、波は同時に上下左右に揺れるのであった。このような動きは、空気や「エーテル」など媒質を伝わる波には見られない。この波を形成するのは、媒質をまったく必要とせずに振動し続けながらエネルギーをあちこちに運ぶ力場であった。

周波数の違い

　優れた理論はみなそうなのだが、マクスウェルの理論も新しい現象を予言した。電気を利用すれば、この光速で進む目に見えない波を作れることが示唆されたのである。マクスウェルは特に、光より小さい周波数をもった電場と磁場の波がいずれ発見されることを確信していた。マクスウェルの死から10年後、ハインリヒ・ヘルツがこの目に見えない波を検出する装置を製作した。

送信と受信

　ヘルツの装置は、二つの真ちゅう製の球のあいだにある隙間で火花が放電されるように設計されていた。
　理論によると、この装置は目に見える火花だけでなく、目に見えない電磁放射線（すな

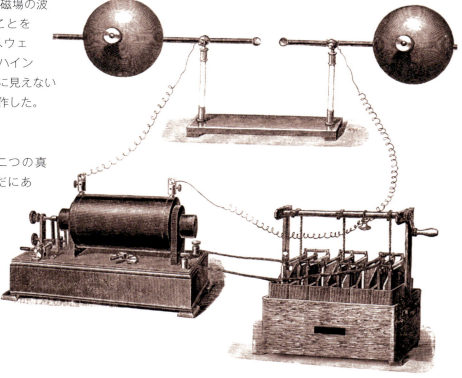

ヘルツの電気振動によって火花放電を発生させる装置により、目に見えない電磁波の最初の証拠が得られた。電磁波にはのちに、「radiation（放射）」という言葉から派生した「ラジオ波（電波）」という名がつけられ、ラジオの語源になった。

わち電磁波）も放出するはずであった。電磁放射線を検出するため，ヘルツは非常に単純な受信機を作製した。これは，同じく小さな隙間をもつ，金属線を環状にしただけの受信機であった。

この受信機を，火花が生じる隙間から数メートル離れたところにヘルツは設置した。距離が遠すぎて電気火花は受信機に飛び火できないのだが，ヘルツは小さな火花が受信機の隙間に生じたのを見た。これは，見えない波が装置から放射され，受信機のワイヤーに小さな電流を誘導したことを示していた。この不思議な現象は今では光よりずっと小さい周波数をもつ「電波」による現象であることがわかっている。つまり，ヘルツは最初の電波信号を送ったのであった。次の問題は，ほかの種類の電磁放射線がどれだけ存在するのかということであった。

54 未知の放射線 X

新しい種類の電磁放射線の発見は，ヘルツの計算された研究と違い，偶然によるものであった。数人の研究者が，陰極線管から目に見えない放射線が出ていることを示していた。

X線を用いて体内を見るというアイデアはすぐさま人々の想像力を掻き立てた。

陰極線管は，ぼんやりとした不気味な蛍光を生じさせる。この光はガラス管を通り抜けるが，目に見えない陰極線自体は内部に留められていた。1880年代後半にフィリップ・レーナルトが，クルックスの設計した陰極線管のガラスにアルミニウム製の「窓」を加えた。この窓は外から内に向かって押す空気圧に耐えられるくらいに頑丈だったが，捉えどころのない陰極線が陰極線管から出ていけるぐらいに薄かった。

ドイツ人物理学者のヴィルヘルム・レントゲンが不思議な放射線を発見した際も，このレーナルトの窓を使っていたと思われる。そして，この放射線を謎の「X」として記録した。繊細なレーナルトの窓は，使用しないときは通常厚い紙で保護されていた。1895年にレントゲンが陰極線管を設置していたあいだ，陰極線管は電源が入った状態で覆いがかぶせられていたのだが，彼は作業台に置いてあった蛍光板が光るのを見た。彼は，この現象は新しい形態の電磁波によるものだと結論づけ，最初に記録した「X」を使って，この電磁波をX線と名づけた。レントゲンは，X線は何種類かの固体を通り抜けられることを発見した。彼は，X線を使って妻の手の骨を撮影したが，それを見た妻は感動する代わりに「自分の死後の姿を見てしまった」と嘆いたという。

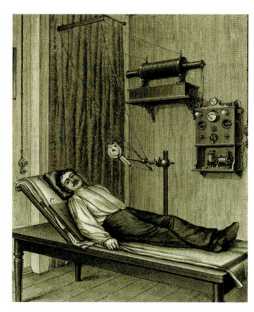

発見から1年後，X線はすでに医療に利用されていた。図は陰極線管が患者の胸の上からX線を放射し，患者の背後に置かれた感光板に画像を写しているようすを描いている。

原子のなかへ

55 放射能

暗闇のなかで蛍光を発するのは陰極線管だけではない。鉱物のなかにも蛍光を発するものがあり、光沢のない結晶が暗闇では宝石のように美しく光る。あるフランス人の物理学の教授は、蛍光を発するこれらの奇妙なものも、レントゲンが発見したX線のような見えない放射線を出しているのではないかと考えた。そして、別種の放射線を発見した。

その教授はアンリ・ベクレルといい、当時、すでにフランスの学界の中心的な人物であった。彼は陰極線管の代わりにりん光（長く持続する蛍光）を発する鉱物のサンプルを使い、レントゲンがX線を発見したときと同様の実験を試みた。この方法で彼は、鉱物もX線もしくは他の電磁放射線を放射することを示したかったのである。この実験方法はよく考えられていたものの、ベクレルの発見はレントゲンの発見と同じくらいに幸運な偶然の産物であった。

ベクレルの放射能についての研究成果は『物質の新しい性質の研究』という題目で1903年に発表された。

写真乾板のもや

レントゲンのX線の放射源は、不透明な覆いで覆われていた。したがって、離れて置かれた蛍光板を光らせたのは陰極線管から放出された光ではなかったことになる。同様にベクレルは、光が入らないように検出器（この場合は写真乾板）を同じような黒色の紙で覆った。それから暗闇でりん光を発することが知られている天然鉱物や粉末に加工されたサンプルを上に置いた。（現代では、この種の化合物が特定の波長の光を吸収し、異なる波長で再び外へ光を徐々に放射するため蛍光を発することがわかっている。このため、ほかに光源がないにもかかわらず光るように見えるのである。）

ベクレルは、蛍光を発する鉱物がX線も放出していれば、X線は紙の覆いを通り抜けて内部にある写真乾板を曇らせるはずだと予想した。しかし、そのような結果はまったく得られなかった。

何の結果も得られないままだったベクレルだが、ついに転機がやってきた。砂のような鉱物でウランを含んでいる硫酸ウラニルを試料として使ってみたのである。この鉱物は、

アンリ・ベクレルが研究室にいるところ。疑似カラー写真。

今日では核燃料の原料であるイエローケーキとしてよく知られている。当時ウランは無害な重金属と見なされ，陶磁器やガラス製品に独特の黄緑色を与えるためによく使われていた。しかし，このような常識はすべて変わろうとしていた。

ベクレル線

硫酸ウラニルは写真乾板に霧のような跡を残した。硫酸ウラニルの発する蛍光が原因ではないことは明らかであったので，この新しい現象は「ベクレル線」と呼ばれた。ベクレルは次に，ウランのおもな原鉱である瀝青ウラン鉱のような，ウランを豊富に含む化合物を調べ始めた。これらの化合物はすべて写真乾板をうっすら感光させた。こうしてウランがベクレル線の線源であることがわかった。ベクレルの研究生マリー・キュリーは，この放射線を出す性質を放射能と名づけた。ベクレル線のような放射線の線源になるのは，特定の「放射性」元素だけである。

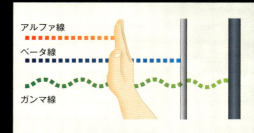

放射能

放射性物質からは，大きく異なる3種類の放射線が放出される。アルファ線とベータ線は電磁波ではなく，粒子線である。アルファ粒子は正電荷をもっており，ほとんどすべての固体によって遮断される。ベータ粒子は負電荷をもっており，薄い金属板によって遮断される。つまり，ベータ粒子はアルファ粒子より小さいことになる。ガンマ線のみが電磁波の一種である。ガンマ線のもつエネルギーは大きく，厚い鉛によってのみ遮断される。

1900年に描かれた西暦2000年のようす。未来への楽観的な見方がうかがえる。1900年当時のようすとあまり変わらないが，暖炉から出ているのは，石炭の炎ではなく放射能による温かい光である。

3種の放射線

次の問題は，ベクレル線は電波，光線，熱線，X線と同類なのか，それとも違うものなのかであった。1898年にアーネスト・ラザフォードという若いニュージーランド人が英国のケンブリッジ大学に留学した。彼は後年，原子内部の仕組みを解明した原子物理学分野の重要人物として科学の歴史に名を刻む運命にあった。

当時の彼は知る由もなかったが，ケンブリッジで行ったウランの研究は，その道を切り開く第一歩となっていた。ラザフォードはウランから放出される放射線には2種類あることを発見し，それらをアルファ線，ベータ線と名づけた。アルファ線は金の薄膜によって遮断されたが，ベータ線はそれを突き抜けた。1900年にフランス人のポール・ヴィラールは，発見されたばかりのラジウムと呼ばれる放射性金属から第三の放射線が出ていることを見いだした。この放射線は，ラザフォードが見つ

56 最初の原子内粒子

陰極線に関して，物理学者らはいまだに暗闇のなかにいた。陰極線は電磁波のように真空に存在していたが，金属や気体がもつ物性を有していた。そうした性質を表現するのに「放射物質」という言葉が使われた。1899 年に，英国人科学者が陰極線は粒子であることを証明したが，その粒子はなんと原子よりも小さかった。

この微小な粒子の発見者は，ジョゼフ・ジョン・トムソンである。彼は，ハインリヒ・ヘルツの実験を再現しているときにこの発見をした。ヘルツのように，トムソンは陰極線が電場によって曲げられるかどうかを確かめようとしていた。ヘルツの研究では陰極線は曲がらないという結論だったが，トムソンが実験を再現したところ，ヘルツとは反対の結果を得た。（トムソンの陰極線管のなかはより真空に近かった。ヘルツの陰極線管では内部に残っていた気体が電場によって帯電し，陰極線が電場から受けるはずの影響を打ち消してしまっていた。）

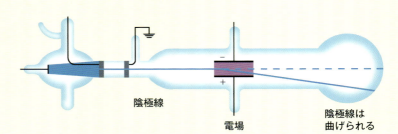

トムソンの装置は帯電した 2 枚の板のあいだに陰極線を通すものである。2 枚の帯電板のあいだには電場が形成されていた。

トムソンの実験結果では，陰極線は，正に帯電した側に向かって電場内を曲がった。電磁気学によると符号が反対の電荷同士が引き合うことから，この結果は，陰極線が負電荷をもっていることを意味した。光は電荷をもたないので，陰極線は電磁波の一種ではなく，目に見えない粒子の流れであるに違いない。彼はそこで，粒子の流れの速さと電荷を算出するため，磁場と電場の影響を比較した。驚いたことに，その粒子はもっとも軽い原子である水素原子より 1,800 倍も軽かった。この数年前に，電流の電荷を運ぶ理論上の存在に「電子」という新しい用語が使われていたが，トムソンはこの名前を採用した。そして，クルックス管内の電場によって原子から電子がはぎとられ，それが陰極線になると提案した。こうして，電子は最初に発見された原子内部の粒子となった。

原子内部には，ほかにも粒子がいるのだろうか。

19 世紀における最新式の機器に囲まれたジョゼフ・ジョン・トムソン。

57 プランク定数

古代より，熱いものは光を放ち，その光の色は熱さの程度を示すことが知られていた。同様の観点で目に見えない熱線を理解しようという試みによって，物理学の最先端が鋭く切り開かれた。

白熱する金属は赤熱する金属より熱いが，色のなかで一番熱いのは青である。わたしたちが色として認識できる光の振動数（1秒あたりに何回揺れるか）と波のエネルギーのあいだには明白な関係がある。しかし，熱放射，つまり皮膚で感じる熱はこのように変化するかどうかは誰も知らなかった。

1859年に，分光学を研究していたグスタフ・キルヒホフが，理想的な「黒体」はどのようにエネルギーを放射するのかという観点からこの問題を提示した。（「黒体」とは，自身に当たるすべての光や電磁波を吸収するという理論上の物体である。）

1890年代に，マックス・プランクはこの問題に取り組んだ。彼は，電磁波を吸収したり放出したりする数学上の「バネ」を想定し，これを使って黒体の熱平衡，すなわち黒体がエネルギーを吸収するのと同じ割合でエネルギーを放射する状態をモデル化した。彼は，熱放射波のエネルギーを温度と結びつけようとした。

マックス・プランクは複雑な数式が実験と合うように量子という概念を導入しただけであったが，量子物理学の創始者とされる。

最初，プランクの数式は現象を正しく表せなかったが，1900年にボルツマンの統計力学を適用したことによって，成功がもたらされた。新しい数式でプランクは，エネルギーを分割できない微小な塊，つまり量子として表したところ，これがうまくいったのだ。また，これにより，$E=h\nu$（電磁波のエネルギー（E）は電磁波の周波数（ν）と比例する）という関係式が導かれた。比例定数（h）は今日ではプランク定数と呼ばれている。この小さな比例定数は，エネルギーが任意の量ではなくて，量子の整数倍としてしか存在できないことを示す。こうして量子物理学の時代が到来したのであった。

量子物理学に対するマックス・プランクのほかの貢献は，プランク単位の創設である。プランク単位で表すと，光速cや万有引力定数Gのような不変定数はすべて1に等しくなる。この表が示すように，プランク単位はきわめて小さい量である。

量	表式	SI単位での値	名称
長さ（L）	$l_\mathrm{p} = \sqrt{\dfrac{\hbar G}{c^3}}$ ($\hbar = h/2\pi$)	1.616×10^{-35} m	プランク長
質量（M）	$m_\mathrm{p} = \sqrt{\dfrac{\hbar c}{G}}$	2.176×10^{-8} kg	プランク質量
時間（T）	$t_\mathrm{p} = \sqrt{\dfrac{\hbar G}{c^5}}$	5.3912×10^{-44} s	プランク時間
温度（θ）	$T_\mathrm{p} = \sqrt{\dfrac{\hbar c^5}{G k_\mathrm{B}^2}}$ (k_B：ボルツマン定数)	1.417×10^{32} K	プランク温度
電荷（Q）	$q_\mathrm{p} = e/\sqrt{\alpha}$ ($\alpha = 1/137$：微細構造定数)	1.876×10^{-18} C	プランク電荷

58 無線の遠距離受信

グリエルモ・マルコーニは無線技術を用いて電波を操った。物理学者というよりは実業家であり技師であったマルコーニは，電気通信とラジオ放送の分野に革命を起こした。

タイタニック号の救出
　1912年のタイタニック号の悲劇では，マルコーニの無線技術の潜在的な力が示された。タイタニック号にはマルコーニ無線電信会社の二人の無線技士が乗船しており，彼らは遭難信号を送信した。受信が遅れたため（一番近くにいた船の無線機の電源が切られていた）乗客の大多数を救うことはできなかったが，マルコーニの無線技術がなければ死者数はもっと多くなっていたであろう。この惨事以来，船内の無線室には24時間体制で船員が勤務するようになった。

　1901年12月12日，世界で初めて，遠距離での無線通信が成功した。モールス信号でアルファベットのsを表す3回繰り返される信号が，電波として英国コーンウォールのポルドゥーから送信され，それが大西洋を越えて3,500キロメートルも離れたカナダのニューファンドランド島の海岸にある小屋で受信されたのである。
　イタリア人物理学者であり技師であったマルコーニは，彼の考えを疑う者がまちがっていたことを証明した。距離は電波を制限しなかったのだ。それまで，電波は光のように直進するため，水平線を越えることはできないと考えられていた。その根拠は，水平線より先のものは見えないという事実，つまり光は水平線を超えた場所から届くことはないという事実にあった。では，マルコーニはどうやって電波を届かせたのであろうか。

1896年に撮影された青年グリエルモ・マルコーニと彼が実家の屋根裏部屋で開発した無線機。

ヘルツ波

マルコーニは，学校での成績がよかったわけではなかったため，ボローニャ大学には自費で通っていた。在学中の1894年に，ヘルツ波を研究していたアウグスト・リーギの下で短期間研究をした。（ヘルツ波は今では電波と呼ばれているが，当時は亡くなったばかりの発見者，ハインリヒ・ヘルツの名がつけられていた。）マルコーニは，ヘルツの火花送信機の出力の増強と電波の到達距離の拡大に取り組んだ。また，コヒーラと呼ばれる管（電波による誘導電圧で接合する金属粉が入った管）を用いて受信機を改良した。コヒーラに高周波電圧がかかると電気抵抗が減少し，電流が一気に流れてスピーカーの音に変換される。こうして，電報用に開発されたモールス信号（「トン」という短い信号と「ツー」という長い信号を組み合わせてアルファベットや五十音などの文字を表す信号）を用いて，電波でメッセージを送ることが可能になった。電報と違い，マルコーニの送信機は電線を必要としない画期的なものだった。

マルコーニは1895年までに数キロメートル先に信号を送っていた。彼は，イタリア政府にさらなる研究費を求めたが断られた。最終的に英国政府が彼の研究に出資した。マルコーニは無線通信の到達距離をさらに拡大し，1899年には英国とフランス間に無線網を築いた。そのとき彼はまだ24歳であった。

マルコーニは最新の無線技術を当時最新の自動車に組み入れた。彼は1890年代後半に無線送信機を蒸気トラクターに装備し，ウェールズとイングランド周辺を周りながら，信号をどこまで送ることができるかを試した。

電気を帯びた大気，電離層

マルコーニは次に，大西洋上の船と船のあいだでの無線通信へと研究を拡大した。そこで彼は，無線信号が水平線を越えて届くことを発見した。また不思議なことに，夜間になると通信できる距離が長くなった。（今日のわたしたちは，メッセージを載せた電波が電離層と呼ばれる上層大気中の帯電した層で跳ね返されることを知っている。夜間は電離層の位置がさらに高くなるため，反射する位置も高くなり，より遠くへと無線信号が届くようになる。）

1901年に無線通信の大西洋横断が成功した後，進歩は鈍化したが，マルコーニは船上の無線システムを発展させ，彼の名を冠した会社は放送技術の進歩に寄与した。

最初のラジオ放送

マルコーニは電波にのせて声を送信することを「無線電話」と呼んだ。しかし，最初に音声放送を行ったのは彼ではなかった。1915年，マルコーニは真空管を用いて連続した音声信号を送信する方法を開発した。1920年6月には，その方法を使って，オーストラリア人のソプラノ歌手，デイム・ネリー・メルバ（右）の歌声をイギリスのエセックスにある本社から放送した。マルコーニのラジオ放送運営会社はのちに世界最大の公共放送局であるBBC（英国放送協会）となった。

59 キュリー夫妻

科学界でもっとも有名な夫婦，マリー・キュリーとピエール・キュリーは主に放射能の研究で知られている。しかし，キュリーの名前は物理学のほかの分野にも残されている。

ノーベル賞を受賞した女性の数は大変少ないが，マリー・キュリーはその最初の女性であるだけでなく，ノーベル賞を2回受賞した唯一の女性として，科学史のなかでも特別な存在となっている。しかし，彼女の夫ピエールのことも忘れてはならない。彼は，1894年にパリのソルボンヌ大学でポーランド人の移民マリア・スクウォドフスカ（マリーの旧姓）に出会う前から，すでに物理学の世界では高名な研究者であった。出会いの10年以上も前にピエールと兄のジャックは，圧電効果という，物質が圧縮されたときに電気を放出する現象を発見していた。しかし，彼の名がもっともよく知られているのは，磁石が磁性を失う臨界温度，つまりキュリー点である。

放射能の研究

マリーとピエールは，アンリ・ベクレルとともに放射能の研究によって1903年にノーベル物理学賞を受賞した。彼らは，トリウムが放射性物質であること，そしてウランとトリウムの両方を豊富に含む瀝青ウラン鉱（ピッチブレンド）が，予想されるより多量の放射線を放出していることを発見した。このことは，瀝青ウラン鉱にウランとトリウムとは別の元素が含まれていることを明白に物語っていた。夫妻は4年をかけて，500キログラムの瀝青ウラン鉱を精製し，その元素の試料を得た。試料には1種類ではなく2種類の新たな元素，ラジウムとポロニウム（マリーの故郷ポーランドにちなんで命名された）が含まれていることがわかった。ピエールは1906年に亡くなったが，1911年にマリーはこの発見に対してノーベル化学賞を受賞した。

キュリー夫妻が発明した，放射性試料から発生するアルファ線とベータ線のビームを，高圧電場によって曲げる装置。ガンマ線は曲がらずに直進するが，アルファ線はプラスに帯電しているので，ベータ線と反対方向に曲げられる。1900年にアンリ・ベクレルは，ベータ線は実は電子の流れであることを示した。

キュリー夫妻は研究資金が不足しており，すきま風が入る倉庫のなかに実験室をもった。ピエールが腰痛もちだったことから，小屋のなかが零度に近いときでさえ，マリーがほとんどの力仕事を行った。マリーはこの寒さを，放射線の放出に寒さが影響を与えるかどうかを観察するための好機として利用した。（結果的に寒さはなんの影響も与えなかったが。）

60 アインシュタインの驚異の年

1905年は物理学の世界において驚異の年,または「奇跡の年」として知られている。奇跡は全部で四つあるが,それを起こした人物はほかならぬアルベルト・アインシュタインであった。この若きドイツの天才は,それまでの物質,エネルギー,空間,そして時間の概念を一変させた。

アインシュタインはまず光電効果の研究に取り組んだ。電極上に光を照射すると電極を通る電流量が増える。アインシュタインは,光電効果を,光は波でもあるが粒子の流れでもあると主張した。そして,その粒子(のちに光子と名づけられた)は一定量のエネルギー(量子化されたエネルギー)を運ぶと述べた。光子が導体に衝突すると,光子はもっていたエネルギーを導体に移動させ,電子の流れ,つまり電流を作る。逆に,物体はエネルギーを光子として放出する。アインシュタインはまた,どのように原子が運動するかを説明する「運動学的理論」を使ってブラウン運動を解明した。その後,エネルギー(E)と質量(m)の関係の研究に取り掛かり,かの有名な方程式 $E=mc^2$ にたどり着いた。

ここで c は光速を表すが,これは非常に大きな数である。この式から,エネルギーは非常に大きな数の2乗を質量にかけた値に等しいことがわかる。このことは,たとえ微小な質量でも巨大なエネルギーを含んでいることを意味する。光速は,アインシュタインを世界的に有名にした奇跡の年の四つ目の大発見にも必要不可欠であった。四つ目の発見とは,特殊相対性理論である。〔論文の発表順は特殊相対性理論が先で,エネルギーと質量の等価性つまり $E=mc^2$ が後となっている。〕

月の噴水

1950年代に,宇宙科学者らは,光電効果が月の塵に奇妙な影響を与えることを予言した。微小な塵が太陽光によって帯電し,お互い反発して地面から舞い上がるというのである。この「月の噴水」の存在は,月面探査によって確認された。

アルベルト・アインシュタインが現代においてもっとも影響力のある物理学者であることを歴史は示している。しかし,1905年当時,この無名の特許局職員による四つの理論は,多くの物理学者にとって顎が外れるほどの驚きをもたらし,すぐには受け入れられなかった。

特殊相対性理論

　アルベルト・アインシュタインの特殊相対性理論は直観に反する内容が多く，まったくばかげているように思える部分すらある。この理論は，光速によって当時の物理学に挑戦し，急速な変革をもたらした。人が光速で旅行したとき，宇宙はどのように見えるであろうか。

　驚くべき発想力で生み出されたアルベルト・アインシュタインの相対性理論は1905年に発表されたが，発展するのには何年もかかった。完全な「一般」相対性理論が提示されたのは1916年であった。1905年の論文では，光速と，光速に近い速さで生じる効果が扱われた。(のちにこの理論は「特殊」相対性理論として知られるようになった。)特殊相対性理論のアイデアが生まれたのは発表の10年前にさかのぼり，まだ10代のアインシュタインが「人が光線に座ったら何が見えるだろう」と自問したときだと伝えられている。その答えは，宇宙の仕組みについて革新的な見方をもたらすことになった。

波の進行方向

　当時，光は波であることが確立されており，媒質がなくても伝わることがマクスウェルの電磁方程式によって示されていた。このような波は実際にはどのようにふるまうだろうか。マッハは物体が音速を超えられることを示したが，光速も超えることができるだろうか。

　10代のアインシュタインの思考実験は，よい出発点であった。光速は不変である。光子に座って光の速さで進んでいるとすると，背後の光源から発せられるほかの光子は決して追いつくことができないはずだ。したがって，後ろを振り向いたとき，光は目に決して届かず，宇宙は永遠に暗闇のままであろう。では，反対の方向はどう見えるだろうか。自分が座っている光子に向かって前方から発せられる光は，光速の2倍の相対速度で通り過ぎるであろう。

　こうした説明は日常生活においてはきわめてもっともらしいものといえる。しかし，光速の変化は，当時誰も検出していなかった。アインシュタインは1905年の特殊相対性理論において，光速が変化することはありえないと述べた。光速はいつも同じである。光源に対する観測者の相対速度は光速に何の影響も与えず，したがって人が光線の上に座って移動したとしても，すべてが普通に見えるだろう。〔実際には，質量のある物体が光速に達することはできないため，光子に乗って運動することなど不可能だが。〕

空間と時間

　なぜ，運動は光の速さに影響を与えないのであろうか。これを説明するため，ヘルマン・ミンコフスキーをはじめとする物理学者はそれまでの時間と空間の見方を一新し，相互につながった統一体としての時間と空間，

要な結論の一つであるが，光を構成している光子は質量がないので光速で進むことができる。なお，光速に近い速さで運動する物体の時間は，静止している観測者から見るとゆっくり進むように見える。

　身のまわりの運動は光速よりはるかに小さい速さしかもたないため，質量，時間，空間のこうした変化を感知することはできないが，これらの変化は，光速が観測者の速さによらず常に一定であることの必然的な帰結なのである。

今度車に乗った対向車からやってくるヘッドライトの光について考えをめぐらせてみよう。その光の相対的な速さは，自分の車から出た光と同じ速さなのだ。

62 正電荷をもつものの正体

原子は全体では中性で，帯電していない。したがって，負の電荷をもつ電子が原子内部から出て来るのであれば，正に帯電した何かもまた原子内部に存在しなければならない。1909年に，アーネスト・ラザフォードは研究チームを率いてそれが何かを突き止めた。そして，原子核物理学という分野を誕生させた。

その前年1908年に，アーネスト・ラザフォードはすでにノーベル賞を受賞していた。彼は，米国モントリオールのマギル大学での研究に対して，この栄誉を授けられた。1901年，彼と助手のフレデリック・ソディは，トリウムが放射能をもつだけでなくなんらかの気体を放出していることに気づいた。化学分析によって，ラジウムがトリウムから生成されたことがわかった。（放出されていた気体は，ラジウムの放射性崩壊によって生じたラドンである。）彼らは，放射能のメカニズム，つまり，ある種の原子は不安定であり，ほかの原子に崩壊すること，そしてその過程のなかで荷電粒子を放出することを発見した。

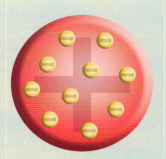

プラムプディング模型の原子
ジョゼフ・ジョン・トムソンは，電子が原子内にプディング（プリンに似た食べ物）に入っているプラムのように散らばっていると示唆した。電子の質量が原子全体の質量に占める割合はほんのわずかなことから，原子の「プディング」にあたる部分が質量の大部分を占めなければならない。一方，その部分は，電子の総電荷量に等しくかつ反対の電荷をもつ必要がある。「プラムプディング模型」は一番初めに考案された原子模型であり，出発点としてはよかったが，すぐにほかの原子模型に取って代わられた。〔日本ではこの原子模型は「ブドウパン模型」とも呼ばれている〕

ハンス・ガイガーとアーネスト・ラザフォード（右）が，散乱されたアルファ粒子の証拠を示す検出スクリーンの横に並んでいる。これは，原子核の存在を示す最初の証拠であった。

当時最新の原子模型であったプラムプディング模型（囲み記事参照）では，マイナスの電荷をもつ電子（ベータ線）が原子から放出されることは説明できた。しかし，この原子模型では，プラスの電荷をもつアルファ粒子の放出をうまく説明できなかった。

プディングの証明

1909年，ラザフォードは英国に戻り，ジョン・ドルトンが1世紀前に原子の存在を初めて提案したマンチェスター大学に勤務した。ラザフォードは二人の研究者，ハンス・ガイガー（ガイガーカウンターと呼ばれる放射能測定器で有名）とエドワード・マースデンを雇い，アルファ粒子を用いて原子構造を調べた。ラザフォードは，原子はトムソンの提案より複雑な構造をしていると思っていた。プラムプディング模型の原子構造では，電子は完全に均質に広がっていなければならない。ラザフォードは，プラスの電荷をもつアルファ粒子を金箔（金の薄膜）に向かって放射してこれを確かめようとした。金原子が均等な電子配置をもつプラムプディング模型の構造をもっているならば，アルファ粒子は偏向しないで直進するだろう。そして結果は，だいたいにおいてプラムプディング模型による予測どおりとなった。

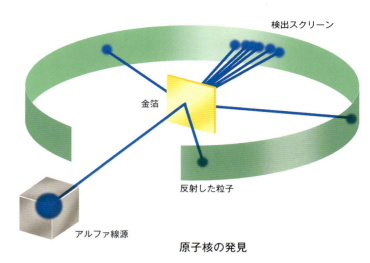

原子核の発見

1909年の，いわゆる「ガイガー－マースデン実験」で使用された装置の概略。

跳ね返り

実験をあきらめて終える前に，ラザフォードは本当に何も跳ね返るものがないかを確かめるため，金箔をほとんど囲むように検出スクリーンを設置することを研究チームに提案した。すると，まさにこの新たな実験配置によって，わずかな数のアルファ粒子が金箔に跳ね返されることが明らかになった。ラザフォードはこの知らせを聞いたとき，あまりの嬉しさにマオリ族の戦いの踊り「ハカ」を踊ったといわれている。彼にとってこの結果は，「人が15インチ（約38センチ）の破裂弾をティッシュペーパーに向かって発砲し，それが跳ね返って投げた人に当たるようなもの」であった。

ラザフォードは，この実験結果から，アルファ粒子が原子の正電荷部分によって跳ね返されたと解釈した。こうした跳ね返りがほんのときたましか起こらなかったのは，原子中心部のきわめて小さな範囲にある原子核に正電荷が集中しているからだ。ラザフォードの原子模型では，電子は，原子核に引きつけられて，太陽を回る惑星のように所定の軌道を周回する。原子内部は大部分が何もない空間のため，アルファ粒子のほとんどが原子を突き抜けていったのである。このラザフォードの原子模型は量子物理学によって修正されて複雑化したものの，今日でも原子構造を単純に説明するものとして広く用いられている。

63 電子1個の電荷量

多くの物理学者は，光と電気が粒子でできていることを受け入れることができなかった。光と電気が連続した波であることを示す証拠があまりにも明白であったからだ。1909年，二人の米国人物理学者が，粒子説がまちがっていることを証明しようとしたが，結果的に正反対のことを成し遂げてしまった。

ロバート・ミリカン教授は，ハーヴェイ・フレッチャーの協力を得ながら，この難題に取り組んだ。二人は電荷を計測する方法を考案した。電磁気は，極大と極小のあいだで振動する波としてふるまうように見えたので，ミリカンとフレッチャーは，電荷は極大と極小のあいだのどんな値でもとれると予想した。

この予想を確かめるため，彼らは有名な油滴実験を行った。これは，2枚の極板のあいだにかけた強電場のなかに細かい油滴を噴霧する実験である。彼らはまず顕微鏡で，油滴が重力によって下の極板に向かって落下することを確認した。次に，極板に電圧をかけた。すると，一部の油滴は，噴霧時の摩擦で帯電するため，電場によって空中に押し返された。

続いて彼らは，重力中での油滴の落下速度から，油滴の大きさと重さを計算した。そして，この計算結果と油滴を（重力に逆らって）上に押し返すのに必要な電場の力とを比較して，油滴の電荷を算出した。何度も測定を繰り返した結果，油滴がもつ電荷はすべて特定の数値の整数倍であることを発見した。その値は，今日の数値より1パーセントずれているが，1.5×10^{-19} Cであった。（C（クーロン）は電荷の単位である。）この結果は，電荷が任意の値をとることはできないことを示していた。油滴実験は，帯電した物体の電荷量はばく大な数の電子の集まりからなっていることと，電子1個がもつ電荷量の値を明らかにしたのである。好むと好まざるとにかかわらず，ミリカンとフレッチャーは原子より小さい粒子が確かに存在することを示したのであった。

油滴実験から約20年後，初代の油滴装置と一緒に写ったロバート・ミリカン。彼は，カルテック（カリフォルニア工科大学）の創立メンバーの一人となった。

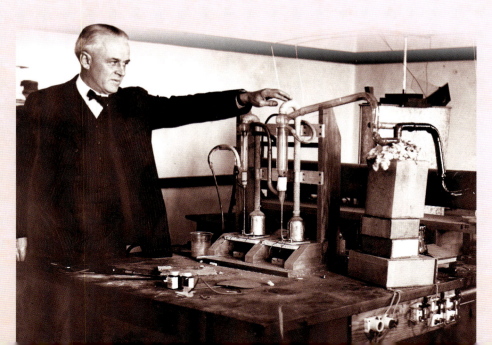

64 霧箱

　1911年，霧深いスコットランドの山々を歩いていたある人物の脳裏に，微小な粒子の運動の軌跡を示す装置のアイデアがひらめいた。この「霧箱」と呼ばれるようになった新しい装置のなかに見られる巻き毛のような筋が，原子内の世界の謎を解き明かした。

　1911年，物理学者のチャールズ・ウィルソンがスコットランドの最高峰ベン・ネヴィスにハイキングに行った際，「ブロッケン現象」を見る幸運に恵まれた。ブロッケン現象は，観察者の影が，山脇の低い位置の雲の上に虹の輪で囲まれた巨大な人影として見える光学上の現象である。これを見たウィルソンは，どのようにして塵などの微粒子が核となって水滴が凝縮し，雲になるのかを考えた。

イオンのまわり

　ウィルソンは研究室に戻って，雲を再現する装置を作った。彼は，本物と同様の水滴の雲を生じさせるため，フラスコを水蒸気で満たして，温度と圧力を調整した。そうして彼は，イオン（電子を失うか得るかして帯電した原子または分子）が水滴の核となることを発見した。さらに，アルファ粒子のような原子内部の粒子が蒸気を通り抜けるとき，通り道にあった原子から電子を勢いよく弾き飛ばしてイオン化させ，それらのイオンが核となって通り道に沿った細い雲ができることにも気づいた。ウィルソンの霧箱は粒子検出器になった。

　ほかの物理学者らによって霧箱に新しい機能が付け加えられた。水蒸気はアルコール蒸気や二酸化炭素に置き換えられ，帯電した粒子の軌道を曲げるために磁場が印加された。粒子が曲げられる方向は電荷によって決まるが，曲がる角度は質量の算出に利用できる。続く40年のあいだ，霧箱は，しだいに発見が増えていく原子核や素粒子の世界をはっきりと見せる代表的な検出器であった。

ブロッケン現象は光が作る幻影である。観察者の影が，観察者のすぐ前に広がった目に見えない雲の上に作られる。観測者のかなり下に明るく厚い雲がなければ，この現象は通常ほとんど目に見えない。白い雲を背景に現れるこの影は，遠く離れた場所にいる不気味な巨人のように見えるので，「ブロッケンの妖怪」と呼ばれることもある。

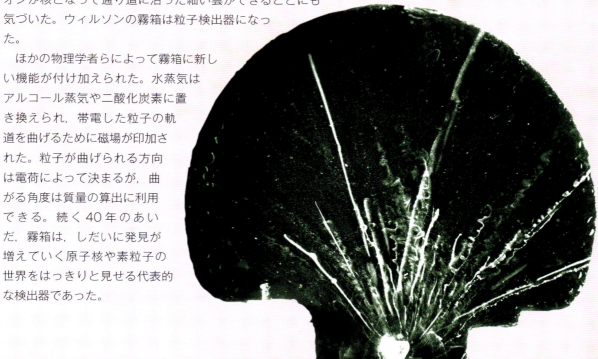

高速度カメラによって撮影された，霧箱に生じたアルファ粒子のさまざまな軌跡。

65 超伝導体

　温度が下がるに従い金属の抵抗が減少することは，しばらく前から知られていた。研究者は物質をそれまでにないくらい低温に冷却できるようになっていたが，抵抗をゼロにまで下げることはできるのだろうか。

　電気抵抗は，物質が電子の流れを妨げることによって生じる。物質が高温になるとそのぶん大きく原子は揺れるので，より電子を妨げることとなり，抵抗が増す。逆に熱エネルギーを導体から取り除くと，物質中の原子の揺れは小さくなるので，抵抗は少なくなる。

　20世紀になる頃までに，科学者は巧みに低温を作りだせるようになった。彼らの方法は，今日の家庭用冷蔵庫に使われている方法とだいたい同じで，液体の冷媒を急速に気体に膨張させると温度が下がるというジュール−トムソン効果を利用している。冷媒中のエネルギーは，冷媒の粒子を拡散することに使われるので，粒子個々の運動エネルギー，すなわち熱エネルギーは減少する。冷蔵室という熱源から発せられる熱は気体（冷媒）に流れ込み，熱源（冷蔵室）を冷却する。

液体ヘリウムと固体水銀

　1908年，オランダの研究者ヘイケ・カーメルリング・オンネスはヘリウムの液化に成功した。ヘリウムの沸点が4.2 K（−268.95 ℃）であるので，ヘリウムの液化は至難のわざであった。次に彼は，液体ヘリウムを冷媒として使用し始め，ほかの物質を絶対零度にかなり近い温度まで冷却することに成功した。（このときまでにヴァルター・ネルンストは，絶対零度を実現するのは不可能であるという熱力学の第三法則を発見していた）。1911年に，オネスは水銀（低温では固体金属の状態になる）を4.19 Kまで冷却したところ，水銀の電気抵抗が完全に消滅したことを発見した。水銀は，超伝導体になったのである。このとき金属中の電子は，エネルギーを消費しないで完全に自由に移動することができた。これは大規模に見られる量子効果であり，原子核をまわる電子の抵抗がゼロなのと同じである。

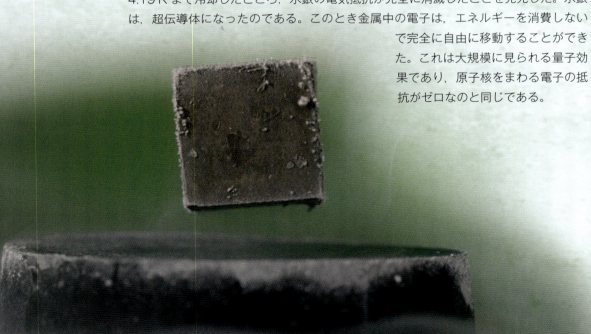

約130 Kという「高温」で超伝導になる超伝導体が開発されている。高温といっても，非常に冷たい（−143 ℃）のだが。超伝導体はすべての磁場を排除するため，超伝導体を宙に浮かせることができる。この現象は，線路を磁気浮上しながら進む超高速のリニアモーターカーに利用される。

66 宇宙線

チャールズ・ウィルソンが霧箱のなかのイオン化した粒子を調べていた頃，別の物理学者が本物の雲のなかにイオン化した粒子を探していた。そして，宇宙に関する発見をした。

検電器は，単純な構造の電荷の検出装置である。この装置には，電荷に反応して動く2枚の薄い金箔が備わっていて，2枚とも同じ電荷をもつ場合，金箔は互いに反発する。しかし，完全に帯電させた検電器でも最終的には電荷を失う。この原因としては，電荷つまり電子が空気中に失われるということしかありえない。このことは，空気が（微小ではあるが）金箔と正反対の電荷をもっているということを意味する。

空気中に電荷が生じている理由として，地球内部にある放射性鉱物などから自然に発生した高エネルギー粒子が，空気中の気体をイオン化しているという仮説が立てられた。この仮説が本当なら，高度が上がるにつれて電荷は減少するはずである。なぜなら，気体がイオン化の原因となる放射性鉱物などの放射線源から遠ざかるからだ。

1911年に離陸前の気球に乗ったヴィクトール・ヘスの写真。彼は，上空5,300メートルまで上り，1936年に彼にノーベル賞をもたらした発見を手にして帰還した。

空と地の行き来

1910年，感度の高い検電器を開発したばかりのドイツ人物理学者テオドール・ヴルフは，当時世界一の高さを誇るエッフェル塔の頂上に，その検電器を運んだ。彼は，エッフェル塔の最下層より頂上のほうが空気の電荷が高いことを発見した。これは，予想と反対の結果であった。1911年，オーストリア人のヴィクトール・ヘスは気球のフライトを何度も行い，さらに高度を上げて調査を行った。離陸前に，彼はヴルフの検電器の一つを帯電させて，2枚の金箔が互いに反発するようにした。検電器の電荷が空気中に失われていくと，2枚の金箔のあいだの反発力が減少していき，お互いに近づく。ヘスは，ヴルフの実験結果が正しいことを確かめた。検電器は，高度が上がるにつれ，ますます早く多くの電荷を失った。空気が薄くなる上空は地上付近と比べてイオン化の度合いが大きかったのだ。ヘスは，イオン化させる高エネルギー粒子や放射線は地表ではなく宇宙から来ていることを示した。ヘスの発見はのちに「宇宙線」として知られるようになる。その後の調査によって，宇宙線が非常に風変わりで地球外から来た，原子より小さい粒子であることが明らかにされた。

67 量子の原子

　原子が原子核とそれを囲む電子から構成されていることが明らかになってから4年後の1913年，二人の若き科学者が，原子についてのそれまでの理解を変える重要な発見をした。二人の発見は，どちらも原子から放射される電磁波を根拠にしていた。一人は世界的に有名になったが，もう一人は頭を撃たれた。

　この二人はデンマーク人のニールス・ボーアと英国人のヘンリー・モーズリーで，偉大な発見をしたのは彼らがまだ20代のときだった。二人とも原子核物理の創始者であるアーネスト・ラザフォードとともに英国のマンチェスターで研究を行った。しかし，二人は異なった研究に興味をもっていた。

原子番号

　モーズリーは，原子が発するX線を研究していた。彼は，原子が特定の色の可視光線を発するのと同様に，特定の波長のX線（特性X線）も放射していることを発見した。そして，この特性X線の波長と原子核のもつ電荷量との関係を見いだした。モーズリーは，水素の電荷を1として，特性X線によって明らかになった原子核の電荷を使って「原子番号」をすべての元素に割りあてた。このX線に基づいた「原子番号」の順番は，核の電荷がヘリウムでは2，リチウムでは3といったように，元素の原子質量（原子量）をもとにした周期表の並び順とほとんど同じであった。モーズリーによる周期表の作成方法は，それまでの原子量と化学的特性に基づく配列よりも優れていることが明らかになった。ただし，なぜ原子核がさまざまな電荷をもつのかは謎のままであった。残念なことに，モーズリーが生きてこの謎を解明することはなかった。彼は，1915年，第一次世界大戦の戦闘中に狙撃されて命を落とした。

ボーアの原子模型

　モーズリーの研究は，アーネスト・ラザフォードが提案した原子模型と矛盾しなかった。この模型によると，電子は原子核のまわりを回り，電気の引力によって所定の位置に保たれる。また，電子の電荷の総量は原子核の電荷と等しいが，電荷の正負は反対である。

　ニールス・ボーアは電子の運動と位置に興味があった。彼は最初，電子を惑星やピンボールと同じ運動の法則に

ニールス・ボーアの写真。原子模型に関する独創性に富んだ研究から10年後，デンマークのコペンハーゲンの実験室にて撮影された。1997年にボーアをたたえて，放射能が高い金属である107番元素にボーリウムという名がつけられた。

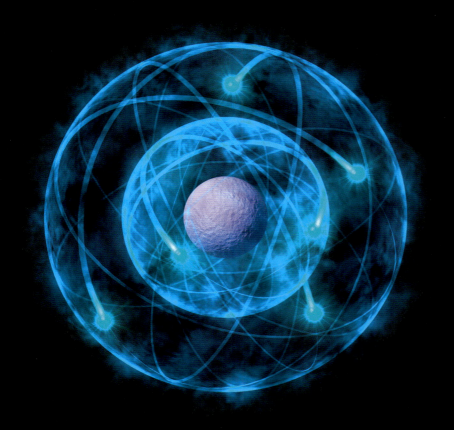

軌道の形

ボーアの原子模型は、恒星のまわりを回る惑星のように原子核のまわりを回るラザフォードの電子軌道を捨て去った。代わりに、特定のエネルギー準位に対応した量子軌道を導入し、そこを決まった数の電子が占めているとした。一番低いエネルギーの準位は、二つの電子が占める球状の軌道となる。より高いエネルギーをもつ軌道は、ダンベルやドーナツのような形で、たくさんの電子を収容できる（下図参照）。

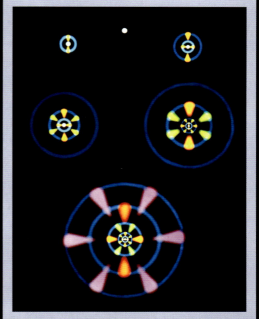

プランクの場合と同様に、ボーアが量子を原子物理に導入したのは、原子のふるまいに関する実験結果を数学的に説明するためであった。結果として誕生したのは、核のまわりを飛び回る電子というよりは、雲のような確率の波で作られた原子という描像であった。

従って運動する物体として扱った。また、電子の運動エネルギーは、電子が軌道を周回する振動数、つまり電子が原子核のまわりをどれだけ速く回るかに比例すると仮定した。そしてボーアは、比例定数に、エネルギーと放射の振動数を結びつけたプランク定数を導入した。

このアイデアを元素が発する光のスペクトル（個々の元素に固有な光の帯）に適用したところ、電子が特定の周回軌道を占めていると仮定したときだけうまくいくことをボーアは発見した。電子が特定の軌道の中間の場所に存在することは不可能であった。

電磁波は、その波長（または周波数）に応じた固有のエネルギー量をもっている。電子が低いエネルギーの軌道から高いエネルギーの軌道に移動できるのは、正確に必要なだけのエネルギーが電子に与えられたときだけである。（勢いあまって軌道から少しだけ飛び出したりすることはできない。）つまり、電子が軌道を飛び移る（量子飛躍する）には、特定のエネルギーの塊を受け取るために特定の波長の光を吸収しなければならない。発光スペクトルは、これと反対の過程から生じる。高エネルギーの軌道から低エネルギーの軌道へと電子が飛び移るとき、特定の波長の光が放出される。

1939年、ニールス・ボーアはヨーロッパで最初の粒子加速器を建設した。彼はこの装置を使って、原子に中性子を照射した。スカンジナビア風の木製パネルが印象的である。

68 一般相対性理論：時間と空間

1916年までに，アルベルト・アインシュタインは「特殊」な相対性理論を一般化した。これにより，惑星や恒星のような非常に大きな物体の運動を扱う際に古典力学で生じていたずれを修正することができた。

ニュートンの運動の法則と万有引力の法則は，どのように岩が斜面を転がり落ちるのかや，どうしたら砲弾を目標に向かって飛ばせるのかはもちろんのこと，ロケットを月に向かって打ち上げる方法までうまく説明できる。しかし，惑星のような巨大な物体の運動をニュートンの法則を用いて計算すると，わずかに誤差が生じる。1916年に誕生したアルベルト・アインシュタインの一般相対性理論によって，こうした誤差は修正された。彼の理論によって，ニュートンの物理学は宇宙の運動を正確に表す体系から，実用的手段，つまり（月に行くなどの）単純な問題に役立つ簡易な方法に格下げされた。何が起きているのかを本当に知りたければ，一般相対性理論が必要である。

一般相対性理論は，11年前に特殊相対性理論が提唱した時間，空間，質量，そしてエネルギーの関係を拡張した。アインシュタインは，光速またはそれに近い速さで進む特殊な場合だけでなく，一般的な場合についてそれらの関係から生じる作用を示したのである。ある点から別の点までの最短距離は直線であるが，一般相対性理論によると最短距離を表す直線は曲がっていることがある。これは，質量が時空を曲げるためで，恒星のような重い物体では曲がり方が大きくなる。仮に非常に長い巻尺を使って，ある星

「天才は，1パーセントのひらめきと99パーセントの努力」というが，この肖像画のアルベルト・アインシュタインは非常にくつろいで見える。一般相対性理論の完成には11年の歳月を要した。

NASAのハッブル宇宙望遠鏡が撮影したアインシュタインリング。リング中央の赤い銀河が時空をゆがめるため，その後方にあるさらに遠い銀河から来る光が曲げられ，馬蹄形（ばてい）の光を作っている。

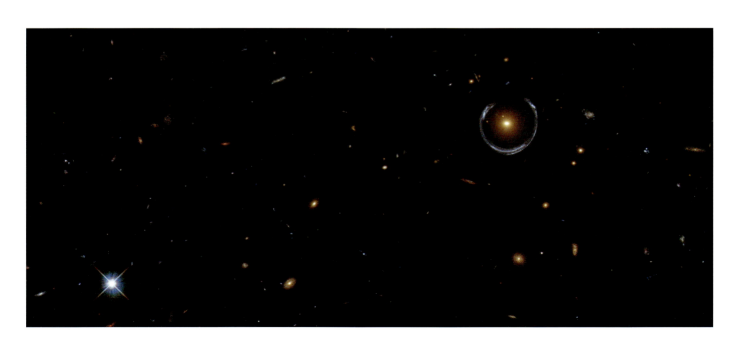

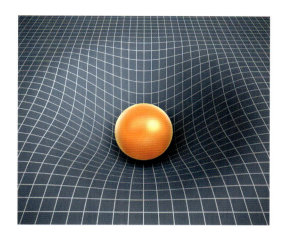

宇宙のゆがみは、サイエンス・フィクションのなかの現象ではない。すべての質量は時空を曲げる。

の近くの2点間の距離を測定した場合、巻尺は直線のようにまっすぐに見えるであろう。しかし、時空全体は、使用した巻尺も含めてゆがめられているのである。その領域を外から見たなら、2点間を結ぶ光線でさえ曲げられたように見えるであろう。

アインシュタインは、時空のゆがみという観点から重力を説明した。すべての質量は、時空を曲げることにより「重力井戸」を作りだす。質量が大きいほど、この井戸も深く大きくなる。つまり、落下するりんごは地球の巨大な重力井戸に向かって落ちていっているのである。地球自体は、太陽が作っているさらに大きな重力井戸のなかにある。地球が太陽の重力井戸に転がり落ちていかないのは、地球の横向きの速度が十分に大きいため、ルーレットの玉のように（今のところは）止まらずに太陽の重力井戸のまわりを回っているからである。相対性理論が主流になるには何年もかかったが、今日では、一般相対性理論と量子論が現代物理学の土台となっている。

69 陽子

ヘンリー・モーズリーの革新的な研究により、原子核の正電荷は単位電荷の整数倍であることが示された。水素の原子核は一つの単位電荷をもつことから、正に帯電した原子内の粒子を探索するためのよい出発点となった。

1815年にウィリアム・プラウトは、当時見つかっていたさまざまな元素は、実は複数の水素原子が組み合わさってできたものであると提案した。（水素は、すべての元素のなかでもっとも軽い。）1917年に彼の説が部分的に正しいことが示された。

この年にアーネスト・ラザフォードは、アルファ粒子を照射した窒素原子（原子番号7）が酸素原子（原子番号8）に変化し、同時に水素の原子核（陽子）を放出することを発見した。ラザフォードは、アルファ粒子がヘリウムの原子核（原子番号2）であることを知っていた。2個の単位正電荷のうち一つが窒素の原子核に移り、原子核の電荷数を8に上げ、窒素原子を酸素原子に変化させた。残されたもう一つの単位正電荷は水素の原子核（原子番号1）と同じであった。ラザフォードは、ある粒子が単位正電荷を担っていると推理し、この粒子を「最初」を意味するプロトン（陽子）と名づけた。水素は、原子核として陽子を1個もっている。その後、陽子は電子と等量で逆符号の電荷をもつが、電子より2,000倍近く重いことが発見された。

ヘンリー・モーズリーがすべての原子核に固有の原子番号をつけられることを発見したのは、彼がまだ25歳のときであった。その後、1917年に原子番号は原子核のなかの陽子の数であることが明らかになった。しかしモーズリーは、この発見の2年前、第一次世界大戦の犠牲となっていた。

70 波と粒子の二重性

光が波であることは証明されていたが，同時に粒子の集まりでもあった。その頃になって，物質を構成する原子はさらに小さな粒子の集まりであることがわかってきた。これらの粒子も同じく波でもあるのだろうか。

これは，フランス人のルイ・ド・ブロイが1923年に考えていたことである。彼は，波と粒子の二重性は光（光子）だけの特性ではないと主張した。同様の二重性は，電子や陽子のような質量をもつ粒子にも適用できる。ド・ブロイは，物質のすべての粒子を波として扱う物質波という概念を思いついた。物質波は光波のようには伝搬しないが，光波と同じ特徴をいくつかもつ。粒子の速さは，物質波の波長に逆比例する。つまり，より速い粒子はより短い波長をもつ。また，粒子の運動エネルギーは物質波の周波数に比例する。

粒子は波である

ド・ブロイは数学を使って自分のアイデアを裏付けようとしたが，1927年，ジョージ・トムソン（その28年前に電子を発見したジョゼフ・ジョン・トムソンの息子）によって明確な実験的証拠が見つかった。トムソンは，光が波であることを証明したヤングの実験を，光線の代わりに電子線を使って再現した。彼は，スリット（隙間）が2箇所設けられたスクリーンに電子を照射した。スクリーンの後ろには検出器が設置され，スリットを通り抜けた個々の電子を検出し，黒い点として記録した。電子が単に粒子であれば，電子は通過したそれぞれの隙間の後ろに黒点を残し，合計二つの黒点の集まりが形成されるはずである。しかし，実験結果としてトムソンが目にしたのは，波の場合にできる干渉縞と同じ黒い縞模様であった。トムソンは，彼の父親が発見した電子が単なる粒子ではないことを見いだした。電子は，粒子であると同時に波でもあったのだ。

> **シュタルク効果**
> 1913年，ヨハネス・シュタルク（下）は，電場によって一つの線スペクトル（原子から放射される特定の周波数の光）が複数の線スペクトルに分裂することを発見した。これは，電場が電子の波形を変化させることによって起こる。シュタルク効果は，電子の性質を検出する方法を提供した。

1920年代までに電磁波の全周波数を網羅するスペクトルの分類ができあがった。放射性崩壊により放出されるガンマ線がもっとも高い周波数に，また，ヘルツの発見した電波がもっとも低い周波数に位置づけられた。そして，物質波も周波数で分類する時代が到来した。

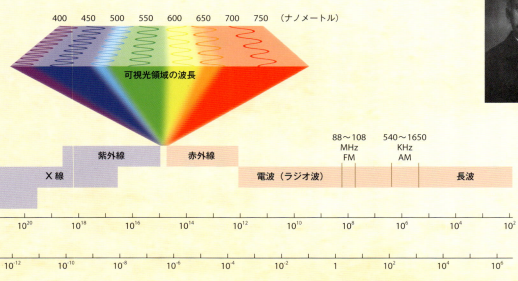

71 排他原理

波動性を表現する数式で武装して、量子物理学者たちは粒子の性質を探り始めた。1925年、ヴォルフガング・パウリは、粒子のなかには排他的な性質をもつものがあることを発見した。

オーストリア人物理学者のパウリは、原子内の電子のさまざまな状態の組合せとして、どのようなものが可能なのかを把握しようとした。彼は、すべてのデータにおいて、特定の状態の一つを占めている電子は一つだけであることに気づいた。これは今日、電子の量子的状態の違いを表す「量子数」と呼ばれるものの違いに対応する。パウリは、一つの原子内で2個の電子が同じ量子数をもつことはないと述べた。その後、これは排他原理と呼ばれるようになり、スピンと呼ばれる量子数が半整数（1/2の奇数倍の値）であるすべての粒子に適用された。量子的なスケールでは、スピンが半整数の粒子は同時に同じ状態に存在することはできない。

72 力を運ぶボソン

すべての粒子が半整数のスピンをもっているわけではない。なかには、整数のスピンをもつ粒子もある。これらの粒子には排他原理が適用されず、同じ空間とエネルギーを占めることができる。これらはボソンと呼ばれる粒子である。

1925年、インド人物理学者のサティエンドラ・ナート・ボースは、アルベルト・アインシュタインと共同研究を行い、整数量子数をもつ粒子のふるまいを表す一連の法則を誕生させた。このような粒子には、電磁気の力を運ぶ光子も含まれる。符号の異なる電荷が引き合う（同符号の電荷は反発する）のは、光子が電荷間を行き来してエネルギーを運んでいるからである。力を運ぶ粒子は、ボースをたたえて「ボソン（ボース粒子）」と名づけられた。一方、半整数スピンの粒子はエンリコ・フェルミ（のちほど登場する）の名をとって「フェルミオン（フェルミ粒子）」と名づけられた。

量子物理学は、増え続ける粒子群を数学的に表す方法を着実に作り上げ、かつては固い球という姿だった粒子に、振動する複雑な波動という描像を与えた。

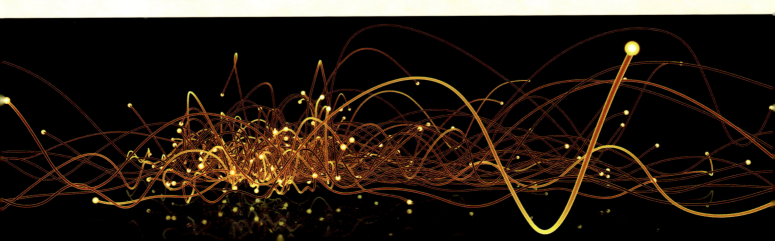

73 不確定な宇宙

量子力学という新しい分野は，物質の根源的な部分に光を当てた。しかし，1927年には，現実の世界について知り得ることに限界があることがわかってきた。量子的な世界像は不確定性によって引き裂かれた。

この不確定性をもち込んだ張本人は，ヴェルナー・ハイゼンベルクである。彼は，デンマークのコペンハーゲンにあるニールス・ボーア理論物理学研究所の若き研究者であった。その後まもなくベルギーで開かれたソルベイ会議に世界トップの物理学者が集まり，量子論の今後を議論した。議論の焦点は，実際に何かを見いだしたと研究者が主張できる限界についてであった。量子論の不確定性はこれに大きな影響を与える。アルベルト・アインシュタインは不確定性の支持者ではなく，「神はサイコロを振らない」と述べたが，ボーアは，「アインシュタイン，神のすることに口をださないでくれ」と応酬した。

ヴェルナー・ハイゼンベルクの名前は，不確定性という直観に反した量子的性質の代名詞である。

不確定性原理

1920年代の半ばに，ハイゼンベルクと同僚の量子物理学者のマックス・ボルンは，確率論，つまり偶然を扱う数学分野が，量子的粒子の波動性に大きくかかわっていることを見いだした。これが最終的に不確定性原理となった。位置を正確に特定しようとすればするほど，その瞬間の運動量を正確に知ることはできなくなる。その逆も同様である。

半減期

量子論の不確定性によると，放射性原子がいつ崩壊するのかを正確に予言することはできない。その代わり，崩壊する割合が確率によって表される。非常に不安定な放射性原子は放射性の弱いものより崩壊しやすい。崩壊の割合は半減期で特徴づけることができる。半減期とは，放射性原子の半数が崩壊するまでの時間である。ウランのなかでもっとも多く存在するウラン238は，半減期が約44億7千万年であり，地球の年齢とほぼ同じである。つまり，地球が形成されたときに存在していたウラン238の半分は，もう存在していないことになる。

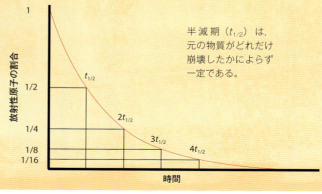

半減期（$t_{1/2}$）は，元の物質がどれだけ崩壊したかによらず一定である。

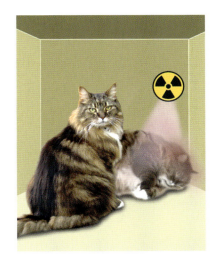

シュレーディンガーの猫は，エルヴィン・シュレーディンガーが1935年に提案した思考実験である。目的は観測の影響を強調することであった。想像上の猫を箱に入れるのであるが，箱には毒が仕掛けられており，放射性原子が一つでも崩壊すれば毒が放出される仕組みになっている。放射性原子の崩壊は予想のつかない偶発的な出来事である。シュレーディンガーは，ふたが閉められているあいだは，猫が生きているか死んでいるかを知るのは不可能であると述べた。量子論では，観察者が確認するまでは，猫が生きている状態と死んでいる状態が半々の重ね合わさった状態なのである。

これは，測定器の問題ではなく，波動関数の性質の問題である。量子的粒子の速度，より正しくは運動量（質量と速度の積）を精度よく測定しようとすると，そのぶんだけ粒子の位置を表す確率の領域が広がってしまう。つまり，粒子がどの位置に見いだされるかは確率に支配されるのだが，その範囲が広がってしまうのだ。

因果律

量子的粒子は，あたかも複数の場所に同時に存在できるかのような多重の状態を作りだし，観察者が測定したときにだけ確定した状態に収まる。これは，重ね合わせと呼ばれる量子論の原理である。こうした考えは，原因が結果を作るという因果関係を引き裂いてしまう。物理学の中核には，現在起きていることは過去の出来事の結果であり，現在の出来事は未来に起きることの原因であるという，因果律がある。しかし，量子系の粒子の重ね合わせはこの因果関係を打ち砕く。量子レベルでは，一つの原因から複数の結果が生じる可能性があり，確実に何かが起きることを予言することはできない。観測者が測定する前は，すべての結果は数多くの存在し得る未来の一つでしかない。なんとも悩ましい話であるが，一方で重ね合わせは，未来の超高速計算やテレポーテーションの土台となるかもしれない。しかし，それも確実とはいえない。

74 ガイガーカウンター

カチカチと音をたてる機器が急にピーッと警告音を出すシーンは，テレビのスリラー番組でおなじみである。この機器はガイガーカウンターといい，原子核物理学の誕生の場にいた人物が開発した放射線検出器である。

アーネスト・ラザフォードの指導を受けたハンス・ガイガーは，1908年に最初の放射線検出器を作成した。当初，検出器はアルファ粒子しか検出できなかったが，ガイガーは1928年までに，助手のヴァルター・ミュラーの協力を得ながら，すべての種類の高エネルギー放射線を測定できるよう検出器の性能を高めた。この検出器は，正式にはガイガー－ミュラー計数管といい，低圧の気体を充填し密閉した管である。内部には二つの帯電した電極が設けられているが，気体が大きな電気抵抗をもつため，そのままでは電極間に電流が流れることはない。しかし，高エネルギーの放射線が管内に入射すると，管のなかの気体をイオン化する（気体分子を帯電させる）ため，電極間にパルス状の電流が流れるようになる。パルス電流の割合はその場所の放射線量の測定値に等しい。スピーカーに流れる電気パルスはカチカチ音を作りだし，たくさんのカチカチ音が一気に鳴ると警報音になる。

1932年に製作されたこの銅製のガイガー－ミュラー計数管は，中性子の発見に利用された。

75 反物質，同じだけれど違うもの

1928年に，ポール・ディラックは，電子の量子的性質すべてを網羅する方程式を考案した。この方程式は，負に帯電した通常の電子のふるまいを特殊相対性理論の効果も含めて完璧に説明しただけでなく，正に帯電した「電子」が存在する可能性を示唆した。

$$(c\alpha \cdot p + \beta mc^2)\varphi = i\hbar \frac{\partial \varphi}{\partial t}$$

ディラックの方程式は，半整数のスピンをもつ相対論的粒子の波動を表した。当時この性質をもつことが知られていた唯一の粒子は電子であったが，今ではほかに11種類が知られている。

1928年，原子よりも小さい粒子としては，負に帯電した電子，正に帯電した陽子，電荷をもたない（すなわち中性の）光子が知られていた。光子はボソンであり，電子と陽子のあいだの引力を媒介する。これらの粒子が物質を作り上げていると考えられていた。ディラックの方程式では，正に帯電した「電子」と負に帯電した「陽子」の組も，まったく同じはたらきをする。この鏡像のような物質は，電荷の符号以外すべて同じであり，「反物質」と呼ばれる。しかし，反物質は存在するのであろうか。もし存在するとしたら，反物質には何が起きるのであろうか。理論では，物質と反物質は互いを消滅させ，エネルギーを放出した後には何も残らない。つまり，反物質がそこにあったとしても，すぐに消えてしまうのだ。

量子の世界に関するほかの革新的な理論と同じく，ポール・ディラックの方程式は，当初彼が意図したよりもずっと多くの事柄を明らかにした。

76 加速器

アーネスト・ローレンスは，スケールの大きな物理学に取り組みたいと思っていた。同年輩の物理学者は理論に取り組むことが多かったが，ローレンスは原子の内部を実験で確認しようとした。そこで，彼は世界でもっとも強力な粒子加速器を開発した。

原子の時代の始まりにあって，アーネスト・ローレンスは世界トップの物理学者のなかでも異色の人物であった。ヨーロッパ生まれの科学者がこの分野を占めていたなかで，彼は米国人であった。ローレンスは科学に対して新世界的な姿勢，つまり大きな規模で取り組もうとした。原子の内部の仕組みを解明する方法の一つは，原子を粉砕して，何が出てくるかを見ることである。1929年に，ローレンスはサイクロトロンを発明した。これは，粒子をらせん状に周回させて高速にし，標的にぶつける粒子加速器で

テクネチウム

1935年まで,原子番号43の元素は見つかっていなかった。この元素は,放射性が非常に強く不安定なので地球上にはほとんど存在しない。1936年,イタリアの二人の物理学者が,ローレンスに提供してもらった古いサイクロトロンの使用済みの部品を分析した。そして,彼らは部品上に原子番号43の元素を発見した。この元素は,サイクロトロンのなかで衝突するほかの元素のイオンによって作られていたのである。これは実験室で作られた最初の元素であることから,テクネチウムと名づけられた(ギリシア語で「人工」を表すテクニトスが語源)。

43 Tc テクネチウム (98)

あった。

ほかの種類の粒子加速器がすでに開発されていたが,それらは直線型の加速器で,一連の振動電場によってイオンビームを加速するものであった。イオンはそれぞれの電場によって少しずつ加速されていく。(イオンとは電子を失うか得た原子のことで,電荷をもつ。そのため電磁場から力を受ける。)

渦を巻く

ローレンスが開発したサイクロトロン加速器も,イオンの加速に電場を利用した。ただし,渦を巻くようにイオンを回し続けることにより,電場から何度も力を受けて加速されるように工夫されていたので,以前の加速器よりも高速に加速することができた。サイクロトロンは,中空で半円形の二つの電極(Dの字に似ているのでディーと呼ばれる)を,向かい合わせにして配置する(図参照)。向かい合わせた電極間には小さな隙間があり,この隙間でイオンはディーに加えられた交流電場によって加速される。装置を囲む強力な電磁石の磁場から力を受けたイオンは,ディーの内部で半円の軌道を描く。サイクロトロン中央部の隙間から出てきたイオンは,電場によって加速された後もう一方のディーのなかに入り,再び磁場によって半円の軌道を描いて隙間に出てくる。このとき隙間にかけられた交流電場の向きは,ちょうどイオンがもう一方のディーに向けて加速されるように反転している。この「電場による加速」と「磁場による半円軌道の運動」を繰り返すことによりイオンは加速され続け,ディーの端まで渦巻状の軌道を描いて旋回していく。端点で最高速度となったイオンは,サイクロトロンの外へ誘導されて隣接する空間(チェンバー)で標的と衝突する。

ローレンスの最初のサイクロトロンは幅が10センチメートルのものにすぎなかったが,光速の1パーセントの速さに達した。より幅広のサイクロトロンは,さらに速い速さにまで加速することができた。ローレンスの手がけた最後のサイクロトロンは幅が467センチメートルにもなり,最初のものより1,000倍も強力であった。

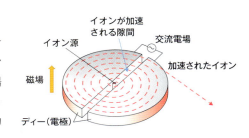

サイクロトロンでは,イオンは電場による加速と磁場による半円運動とを繰り返す。加速されると円の半径が大きくなるのでイオンの軌道は渦巻状になる。

1938年,アーネスト・ローレンス(一番下)がドナルド・コックジーの助力を受けながら,サイクロトロンを準備している。ローレンスの後ろに見えるのが加速用のディーである。ローレンスとコックジーは,加速された高速イオンビームを受け取る標的チェンバーを調整している。

77 電子顕微鏡

ルネサンス期の物理学者がレンズを使って望遠鏡と顕微鏡で光を集光できるようにしたが，彼らは人間の感覚の範囲を拡大したといえる。1930年代，物理学者は電子を使って同じことをした。

光学機器は光の波動性を利用する。電子も波としてふるまうことが明らかになったが，電子も光のように像を結べるのであろうか。光学顕微鏡には限界があり，200ナノメートルより小さな物体を見ることができない。可視光の波長が大きすぎて，それより小さい像を分離できないからである。一方，電子を使えば，可視光より10万倍短い波長を利用できる。つまり，電子顕微鏡は，50ピコメートル（1メートルの1兆分の1）の物体を見ることができるはずである。電磁レンズが1920年代に開発され，次の10年間で初期の電子顕微鏡が作られた。透過型電子顕微鏡は，電子ビームが試料を透過するときの電子ビームの散乱によって像を形成する。走査型電子顕微鏡は，試料から反射した電子によって像を形成する。

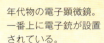

年代物の電子顕微鏡。一番上に電子銃が設置されている。

78 中性子―最後の構成要素

原子には何かが足りなかった。陽子と電子だけでは原子の構成要素として不十分であった。

ジェイムズ・チャドウィックの中性子の重さを測る装置

当時，原子にはそれぞれ固有の原子番号が対応することがわかっていた。原子番号は，原子核内の正に帯電した単位電荷の数であるとされ，その後，原子内の陽子の数であることが明らかとなった。しかし，原子はまた，原子質量という別の値をもっている。これは，もっとも軽い原子である水素の質量を1とする，相対的な質量を表す値であった。ほかのすべての元素の質量は，水素の整数倍として表された。

水素は，一つの陽子だけからなる原子核をもち，原子番号と原子質量が等しい。しかし，ほかの元素はそうでない。1920年代までに，原子核に余分な質量があるのは電荷をも

たない粒子が存在するためであるという考えが、原子物理学者のあいだに広がっていた。一つの元素には同位元素と呼ばれる質量の異なる原子が属しているため原子質量は単純な値にはならないが、全般的にみて、原子質量はその元素がもつ陽子の質量の約2倍になっていた。このことから、未知の中性粒子はおそらく陽子と同じ質量だと考えられた。

1930年代初期に、研究者らは、高速のアルファ粒子がベリリウムまたはホウ素の試料に衝突するときに生じる新種の放射線を発見した。この放射線は電荷をもたないが、ガンマ線と比べてはるかに強力であった。1932年、ジェイムズ・チャドウィックは、この放射線を異なる質量の分子からなるさまざまな物質に照射した。彼は、放射線によって物質からはじき飛ばされた原子核のエネルギーを測定して、放射線の粒子の質量を計算し、その質量が陽子の質量とほぼ同じであることを発見した。このようにして電荷をもたない粒子である「中性子」が発見され、原子核の描像が完成したのであった。

79 陽電子—新たな謎

原子質量の謎を解いた中性子の発見から数カ月たらずで、今度は反物質に関する最初の証拠が現れた。新たな謎が誕生したのである。

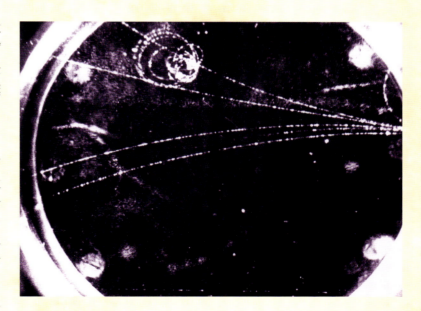

霧箱中の電子と陽電子の飛跡。磁場によって電子と陽電子が反対方向に曲げられたため、飛跡が分かれている。

1929年、大気に衝突する高エネルギーの宇宙線によって生じる粒子を検出していた研究者が、正に帯電した電子のような粒子の存在に気づいた。だが科学界は、ポール・ディラックが前年に提案した反物質の意味をまだよく呑み込めていなかったので、そうした異常なものは無視された。しかし、カール・アンダーソンが1932年に霧箱のなかに同じものを見たとき、彼は自分が何を発見したのかに気づいた。彼は、その粒子を陽電子（ポジトロン）と名づけた。（ポジトロンは、「陽（正）に帯電した（ポジティブ）電子（エレクトロン）」の混成語である。）

陽電子は、地球に短いあいだしか存在しない。陽電子は、光速に近い速さで宇宙から到来する原子核などの粒子が地球の大気中の原子に衝突するときに形成される。こうした衝突は、そのときに生じるエネルギーから粒子を形成できるほどはげしいものである。衝突によって陽電子だけでなく、当時発見されていなかったあらゆるエキゾチックな粒子が放出される。

80 行方不明の物質

1920年代に,それまで想像もされなかった遠いところまで宇宙を観測できるようになった。そしてエドウィン・ハッブルは,宇宙が膨張していることを明らかにした。1930年,さらに衝撃的な発見が報告された。なんと宇宙にあるべき物質の大半が見当たらないというのである。

かみのけ座銀河団には数百もの銀河が集まるが,フリッツ・ツビッキーはそのなかの銀河の回転から暗黒物質の最初の証拠を得た。

天文学者らは,分光器を使って星が何からできているかを観測する。星のまわりの気体は,特定の色の光を吸収するので,星からの光のスペクトルには暗線(隙間)がたくさんある。それぞれの暗線は特定の元素に対応する。ただし,ドップラー効果のため,通常の波長からずれて観測される。青色側へのずれ(周波数が高くなって観測されること)は,その光を放っている銀河がわたしたちに近づいてきていることを意味する。光源が遠ざかっていることを示す赤方偏移(周波数が低くなって観測されること)はもっと多く観測される。1929年に,エドウィン・ハッブルによって,わたしたちの銀河系よりさらに遠いところではすべてが互いに遠ざかっていることが示された。宇宙は膨張しているのである。

回転のなかで

天文学者らは,宇宙の膨張に重力がどのようにかかわっているかに興味をもった。すべての物質は重力によって互いに引きつけ合っているにもかかわらず,なぜ物質は遠ざかっていくのであろうか。そもそも,宇宙にはどれくらいの物質が存在するのかが重大な問題である。1932年,ヤン・オールトは,銀河系内の物質の量に対して銀河系の回転が速すぎることを発見した。翌年,フリッツ・ツビッキーはほかの銀河の運動にも同じ現象を見いだした。そこで,銀河には観測されていない多くの物質が存在すると推論し,この目に見えない物質を「ダークマター(暗黒物質)」と名づけた。現在のところ,理論では,宇宙の暗黒のつぎはぎ部分は空っぽの空間ではなく,光を発しない物質で満たされていることになっている。暗黒物質が実際に行っている唯一のことは,重力場に寄与することである。1970年代,目に見える巨大な質量の物質が空間と光をどのように曲げるかを観測することによって,暗黒物質の質量が推定された。その結果,目に見える物質の五倍もの暗黒物質が存在することがわかったのである。

> **WIMP 対 MACHO**
>
> 暗黒物質についてはいまだにほとんど何もわかっていないが,おおまかに二つの説がある。一つ目は,WIMP(相互作用の弱い質量の大きな粒子)である。これは,質量はあるが通常の装置では検出できない。もう一つはMACHO(銀河の周辺部に存在する,質量は大きいが光を発しない天体)である。これには,ブラックホールや冷たい星といった,暗すぎて見えない天体が含まれる。

フリッツ・ツビッキーは,カリフォルニアにあるパロマ天文台で,超新星(爆発している巨大な星)の探索を行った。

81 室内の稲妻

　1930年代までに，静電起電機は，ゲーリケの回転する硫黄球の時代と比べて大幅な進歩を遂げていた。ロバート・ヴァン・デ・グラフの強力な装置は人の髪の毛を逆立てた。

　ヴァン・デ・グラフ起電機は，物理の授業でもっとも記憶に残る実験装置の一つだろう。長い髪の人の手を金属球部分に触れさせてヴァン・デ・グラフ起電機を作動させると，髪の毛が全方向に逆立っていく。金属球の電荷が人に移り，帯電した髪の毛が互いに反発することで印象的なヘアスタイルを作り上げる。

　この装置の発明者である米国人ヴァン・デ・グラフは，珍しいものを作るつもりではなかった。1929年，彼は線形加速器に必要な高電圧を発生させるために，この起電機を思いついたのである。この巨大な起電機が作りだす強い電場によってイオン化された粒子は高速に加速され，原子核実験に用いられた。

　ヴァン・デ・グラフ起電機は，電気の研究では初期の頃から使われている（硫黄球のような）装置と同じく，摩擦によって電荷を発生させる。起電機の支柱内部ではベルトが回転していて，接触部の帯電したくし状の部品をこすることによってベルトは電荷を集める。電荷は，上にある中空の金属球（ドーム）に運ばれ，そこで今度は電荷がベルトから接触部へと飛び移る。その結果，ドームに膨大な電荷が蓄積されて高電圧となり，人工の稲妻を発生させる。

マサチューセッツ工科大学のヴァン・デ・グラフ起電機が，不要になった飛行船格納庫のなかに建設されたのは1933年のことである。この起電機が生み出す電圧は1千万ボルト（10^7 V）に達した。その高電圧はドームのあいだにある管のなかの粒子を加速させることに使われた。この二つのドームのなかには実験室があり，信じられないことに高電圧のかかる実験の最中にも人が入っていた。ドーム内は安全であったが，帯電した塔のあいだを飛ぶ鳥にとっては安全とはとてもいえなかった。

82 スピード違反の光
―チェレンコフ放射

あるロシア人研究者は，水の入った瓶に放射線を照射しているときに不思議な青い光を発するのを見て，物体が光より速く進む方法があることに気づいた。

真空中でもっとも速く進むのは光である。真空中の光速が速さの上限であり，何ものもこれを超えることはできない。しかし，スネルの法則の時代から，光は空気や水のような媒質に入射した場合は減速することが知られていた。

1934年，パーヴェル・チェレンコフは何が水を光らせたのかを解明した。水中を突き進む放射線粒子の速さは，水という媒質中での光速を上回っていたのだ。水中の光速は，真空中の4分の3にすぎない。したがって，粒子が光より速い「超光速」で水中を進むことが可能となる（ただし真空中では，物質は速さにおいて光にかなわない。）

チェレンコフ効果

これら「超光速」の粒子のほとんどは電子のように小さく，媒質を切り裂くように進む。超光速の粒子によってかき乱された媒質の原子は光を放射する。しかし，光は粒子より遅くなっているので，粒子の先に進んで光ることはできない。空気中を超音速ジェット機が音速の壁を打ち破りながら突き進むとき，特殊な音波である超音速衝撃波を生じる。チェレンコフ効果はこれと似た現象である。光の衝撃波が生じることによって青い光が現れるのだ。

粒子の検出システム

チェレンコフ効果から，宇宙からやってくる高エネルギー粒子（宇宙線）の貴重な証拠が得られる。これらの粒子は，空気と衝突して高エネルギー粒子のジェット（高エネルギーの宇宙線と大気中の原子核とが衝突したとき，原子核から多数の二次粒子が前方に集中して発生する現象）を作り，チェレンコフ放射の閃光をもたらす。それによって宇宙からの粒子の到来を知ることができる。チェレンコフ検出器は，大量に地球を突き抜けているにもかかわらず観測するのが難しいニュートリノの探索にも用いられる。

原子力発電所の核燃料棒から出てくる放射線によるチェレンコフ放射で，原子炉の冷却水が青く光っている。

83 エキゾチック粒子

　1930年代頃，宇宙線と大気との衝突は加速器の作りだす衝突よりもエネルギーが大きかった。こうした大気中での高エネルギー衝突は観察することが難しかったが，寿命の短い一群の新粒子を見つけるには最高の場所であった。

　日本の理論物理学者，湯川秀樹は何が原子核をつなぎとめているのかに興味があった。同符号の電荷はお互いに反発することからわかるように，電磁力は正に帯電した陽子と陽子を押し離す。したがって，電磁力より強い力が存在し，それが陽子や中性子を原子核につなぎとめているはずである。この力は，強い相互作用（強い力）として知られ，原子の幅よりはるかに短い距離でだけはたらく。強い力は，電子が周回しているところまでは届かない。

　1934年，湯川は，電子と陽子（または中性子）の中間の質量をもつ粒子がこの強い力を媒介していると提案した。そして，この粒子を中間子と名づけた。1936年，ミュー中間子が宇宙線による粒子のジェットのなかに発見された。しかし，ミュー中間子は湯川の理論に合致せず，のちにミューオンと改名された。ミューオンは，特大サイズの電子のようなものである。1947年，パイ中間子が宇宙線の衝突のなかに発見された。これは陽子の7分の1の質量をもち，最初に見つかった本物の中間子であった。パイ中間子は「仮想」粒子としてふるまう。この粒子は，崩壊する前のわずかな時間（1億分の1秒ほど）しか存在しない。最終的に，パイ中間子をはじめとする一群の中間子は，クォークとグルーオンと呼ばれるさらに基本的な粒子の発見につながった。

湯川秀樹は，1949年に中間子の研究によってノーベル物理学賞を受賞した。

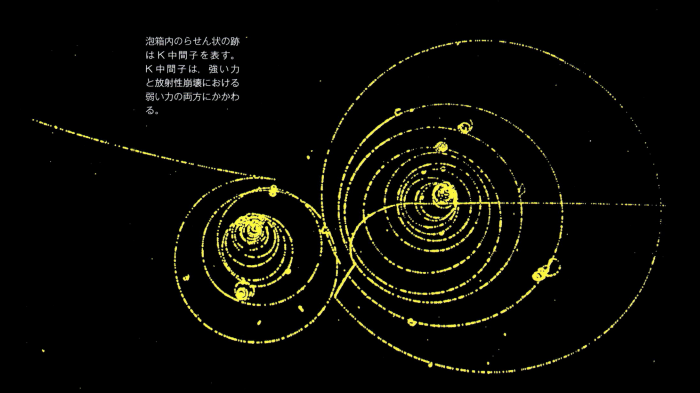

泡箱内のらせん状の跡はK中間子を表す。K中間子は，強い力と放射性崩壊における弱い力の両方にかかわる。

84 超流動

ある液体が絶対零度より数度高い程度の極低温まで冷やされると,とても奇妙なことが起こる。液体は容器に制限されるのをやめ,容器をよじ登り脇から流れ出て,最後には容器が空っぽになる。この液体は超流体になったのだ。

超流動は,1937年,ロシアとカナダの研究チームによって液化ヘリウムのなかに初めて発見された。ヘリウムは,2K(−271℃)より少し高い温度で超流体になる。ほかの液体と同じように見えるが,粘性がゼロである。粘性とは液体のもつ「ねばねば度」を表し,この値が大きいほど形状の変化に対する抵抗が大きいが,超流体にはそれがないのである。超流体は,摩擦なしに流れることもできる。この温度では液体は量子効果を示すが,これは超伝導体の例と同じように巨視的なスケールでの量子効果である。ほとんどのヘリウム原子核は粒子を四つもつため(ヘリウム4と呼ばれる),ヘリウムは特に量子効果を起こしやすい。ヘリウム4は低温でボソンとしてふるまうことができ,排他原理の適用を受けなくなる。

超流動ヘリウムが側面をよじ登って容器から逃げ出している。ほとんどの液体は入れられた容器の側面に密着するが,粘性があるため,さらに上によじ登っていくことはない。しかし超流動の場合はそうではない。

85 核分裂

1930年代に原子を分裂させることで物質をエネルギーに変える方法が発見されてから,物理は政治と大きくかかわり始めた。すべては中性子の発見から始まった。

イタリア人物理学者のエンリコ・フェルミは,ラザフォードがアルファ粒子を使って原子核を調べたように,原子を調べる手段として中性子を使おうとした。アルファ粒子と違って,中性子は電荷をもたないので,原子内の電荷によって影響を受けることはないからだ。ローマ大学のフェルミのチームは,さまざまな種類の原子に中性子を照射することにとりかかった。1934年,彼らは,ウランから原子番号94の元素(フェルミはヘスペリウムと名づけたが,今ではプルトニウムと呼ばれる)が形成されたと発表した。だが,どうしてこんなことが可能であるのかは誰もわからなかった。ドイツ人のオットー・ハーンは同様の中性子照射実験を行い,ウランの試料のなかにバリウムを見つけた。同僚のリーゼ・マイトナーは,中性子がウランの原子核に入って,その原子核をきわめて不安定にした結果,

最初の原子炉,シカゴ・パイル1号は,シカゴ大学の競技場の西側スタンド裏にある使われていないスカッシュ場に建設された。

バリウムが形成されたことを計算で示した。つまり，通常の放射性崩壊によって小さな粒子を放出する代わりに，原子核が二つに分裂したことを示したのである。これが核分裂の発見であった。

連鎖反応競争

アインシュタインのエネルギーと質量の関係を表した方程式（$E=mc^2$）が予測したとおり，核分裂反応は巨大なエネルギーを放出した。米国で研究していたハンガリー人のレオ・シラードは，1回の核分裂において原子核が分裂時に二つ以上の中性子を放出した場合，連鎖反応が起こることを発見した。一つの原子が分裂するごとに少なくとも2回の核分裂が引き起こされるため，すべての原子が使いつくされるまで，分裂する原子の数がネズミ算的に増大していく。制御しなければ，これは恐ろしい爆弾に使われる可能性があった。当時ヨーロッパは戦争に突入する寸前で，シラードとフェルミ（このときにはナチスから逃れてニューヨークにいた）は，この研究の進展を秘密にしておくことにした。しかし，フレデリック・ジョリオ＝キュリー（マリー・キュリーの義理の息子）も核分裂を解明した。1939年，彼はウラン235の原子核が分裂して，少なくとも三つの中性子が放出されることを発表した。

世界が戦争に突入すると，核分裂を制御し，おそらくは決定的となる兵器を製造する方法を獲得するための競争が始まった。1942年，エンリコ・フェルミは，世界初の原子炉，シカゴ・パイル1号をシカゴ大学に建設した。ウランに中性子を照射し，また連鎖反応の速度を遅くするためにグラファイトの塊を使った。

フェルミの研究にマンハッタン計画が続いた。その計画では，ウランを「濃縮」して，ウラン235の比率を自然のウラン中の0.7%から核爆発に必要なレベルまで引き上げることに力が注がれた。1945年，広島と長崎に原子爆弾が投下され，核分裂の恐るべき力を世界に印象づけた。

中性子

ウラン原子核が二つに分裂する

エネルギーと中性子が放出される

バリウム

クリプトン

ウラン235の原子核が中性子を吸収すると，一瞬だけウラン236になったのち，クリプトンとバリウムの原子核に分裂する（分裂してできる原子核の組合せはほかにもたくさんある）。

原子力の父であるエンリコ・フェルミ。1931年ローマの研究室にて。

現代物理学

86 QED：量子電磁力学

ラテン語の Quod erat demonstrandum の頭文字である QED は「かく示された」を意味し，証明を書き終えるときの結びに使われる。一方，物理学における QED 理論は，ほかのどんな理論よりも多くのことを証明した。

物理学者にとって，QED は量子電磁力学（quantum electrodynamics）を表す。この物理分野の基礎を作った研究者の一人である米国人のリチャード・ファインマンは，QED を「物理学の宝石」と表現した。この理論ほど，原子よりも小さな極微の現象から星や銀河，またブラックホールといった宇宙スケールのマクロな現象まで幅広く適用できる理論はない。

電磁力学は，ジェイムズ・クラーク・マクスウェルの場の方程式から始まり，アルベルト・アインシュタインが発展させた。アインシュタインは，光が粒子性をもつという光子のアイデアを導入し，彼が打ち立てた特殊相対性理論を使って，光が時空を超えて膨大な距離を移動するときのふるまいを説明した。しかし，最初に量子理論からわかったことは，マクロなスケールの現象を扱ったこれらの「古典的」理論は，原子内部で起きている現象には直接結びつかないということであった。

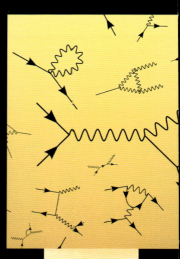

ファインマン・ダイアグラム
QED の理論計算は，波線や矢印のついた直線で表されるファインマン・ダイアグラムから始まる。直線は電子を，波線は電子によって吸収・放出される光子を表す。これらのファインマン・ダイアグラムは，ある確率で起きる相互作用を視覚化したものである。

多くの足跡

そうした結びつきが得られる最初の兆しは，電子に関するディラックの方程式とともに1920年代に現れた。この方程式は，エネルギーと物質がどのように相互作用して，光や電磁放射を作りだすかを示した。

しかし，物質の基本的粒子と相互作用するときに光がどのようにふるまうかを表す一般的な理論を築こうとしても，量子現象の複雑さが障害となって，なかなかうまくいかなかった。1947年，ハンス・ベーテ（この後のビッグバン理論にも登場する）は，理論で生じていた障

リチャード・ファインマンは，ノーベル賞を受賞した物理学の達人であると同時に，コミュニケーションの達人でもある。彼は，複雑な量子現象を単純なスナップショットに変換した。

害を切り抜ける数学的技法を開発した。

これは，リチャード・ファインマンをはじめとした物理学者が，量子的な電磁気現象を説明する一連の方法を考案するための飛躍台となった。

さらなる足跡

最初，いくつかの異なるアプローチで理論が作られたが，のちほどそれらはすべて同じであることがわかった。ファインマン・ダイアグラムを使った方法は理論のなくてはならない部分であり，最先端の物理学をわかりやすく説明するのにも役立っている。ファインマン・ダイアグラムは用途が広く，今ではすべての量子的な粒子の相互作用を表すために使われている。

愉快な見た目とは裏腹に，QEDは中心部分に非常に難解な数式を含んでいる。この数式のおかげで，物理学者は，電子と光子間のさまざまな相互作用が生じる確率を正確に計算できる。QEDによって，以前はとらえどころのなかった粒子のふるまいを予言できるようになった。

87 トランジスタ

20世紀初期に電子工学が現れた。電子工学とは数学的な指示を実行する一連の「スイッチ」を使う技術といえる。1947年，この技術に革新がもたらされた。

コンピュータにはプログラムが必要である。この事実は，1930年代から40年代に開発された初期版においても変わらない。プログラムは，0と1の連続として入力され，特有の方法で電子部品のオン・オフを切り替えることで，データを処理し，タスクを実行する。

1947年，ベル研究所の三人の研究者がトランジスタと呼ばれる新しいタイプのスイッチを発明し，世界を変えた。トランジスタは，熱で飛び出させた電子によって電流を流したり遮断したりする真空管に代わるものとして開発された。トランジスタは真空管と同じはたらきをするが，材料に，シリコンのような導体と絶縁体の中間の性質をもつ半導体を用いている。当時，量子物理学は，電子がどのようにふるまって半導体のような材料を導体から絶縁体（あるいはその逆）へと変化させるかを明らかにしていた。半導体トランジスタは，マイクロ

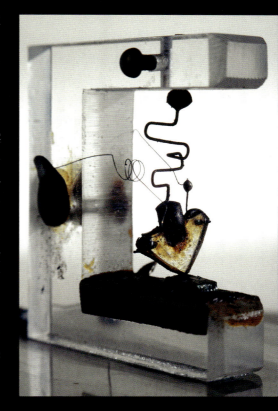

最初に稼働したトラン

88 ビッグバン

宇宙が膨張しているなら，昔は今の宇宙よりかなり小さかったはずである。その理屈からいうと，宇宙は一つの点から始まったに違いない。では，どのようにして宇宙は点から今の状態にたどり着いたのであろうか。

宇宙が膨張していることを示す最初の発見は，ハッブルの法則と呼ばれている。1912年，ヴェスト―・スライファーは，遠くにある天体のほうが，より大きな赤方偏移をしていることを発見した。(赤方偏移とは，ドップラー効果によって光の波長が大きくなり，色が赤色のほうへずれる現象である。この現象を示す天体は，わたしたちから遠ざかっている。色のずれが大きいほど遠ざかる速さも大きい。) 1929年，エドウィン・ハッブルは，銀河がわたしたちから遠ざかっているだけでなく，銀河同士がお互い離れていっていることを示した。宇宙自体が膨張しているため，地球に近い銀河の光よりも遠く離れた銀河の光のほうが大きく引き伸ばされる。

科学に大きな前進をもたらしたハッブルの発見が賞賛に値するのは当然だが，その2年前の1927年に，ベルギー人の司祭であるジョルジュ・ルメートルが同じ結論に達していた。彼は，アインシュタインの相対性理論を使い，宇宙が，同じ状態を保つ静的なものであることができず，縮小か膨張をしている動的なものでなければならないことを示した。1931年，ルメートルは，彼が「原始的原子」と名づけた1点がばく大な力で爆発し，そこから動的な宇宙が始まったという理論を提案した。

ルメートルの考えは非常に直観的であった。彼は，裏付けとなる証拠をもちあわせて

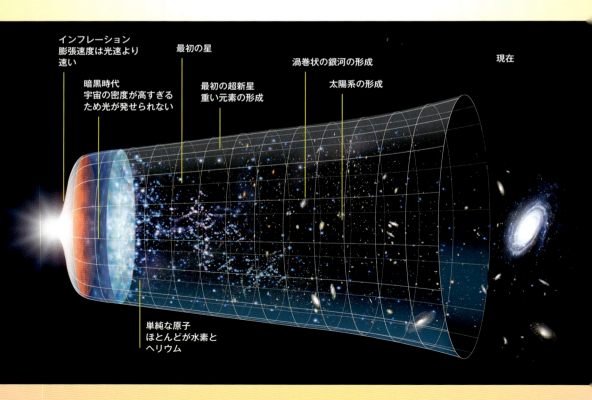

大爆発
ビッグバンは非常にはげしく，すべての場所でいっせいに起きた。大爆発の瞬間，宇宙全体はきわめて熱かったが，当時の宇宙は非常に小さかった。宇宙の大きさが増すにつれ，宇宙は冷えていった。これにより，エネルギーが素粒子を，素粒子が原子を，原子が星を，そして最終的にわたしたちの地球を形作ることができた。より遠くの宇宙をのぞくほど，わたしたちが見る光はより古いものとなる。確認できたもっとも遠い宇宙は，138億光年のかなたにある。宇宙は138億歳なのである。

アルファー、ベーテ、ガモフの論文は、ビッグバン理論の科学的基盤を固めた。

いなかったが、原始的原子が砕け散って宇宙のすべての原子になり、全方向に広がっていったという理論を提案した。

うわさの「ビッグバン」とは

この理論はよさそうにも思われたが、精密さに欠けていた。1948年、マンハッタン計画を終えて戻ったばかりだった同僚のジョージ・ガモフとラルフ・アルファーは、元素合成のより正確な過程を示した。(ガモフは、論文の著者名がギリシア文字のアルファ・ベータ・ガンマと語呂が合うように、著者名に友人のハンス・ベーテを加えた)。彼らの理論によると、宇宙の目に見える物質は、粒子の連続的な融合を経てより複雑で巨大な形状に発達したものであり、この過程は、宇宙が冷えて広がるにつれて起きた。皮肉なことに、反論を唱えていた代表者の一人がこの理論の名づけ親になった。1949年、著名な天文学者であるフレッド・ホイルが、この理論を彼の定常宇宙論と比較して「ビッグバン」とからかって表現したことに由来する。定常宇宙論とは、宇宙は始まりがなく定常で、物質は宇宙が膨張するにつれて絶え間なく追加されているとする理論であり、現在では否定されている。

89 泡と火花

1950年代までに、二つの新しいタイプの粒子検出器が使われていた。素粒子物理学の理論を確認するために、検出器にはいっそう高い感度が求められていた。

1983年、欧州原子核研究機構(CERN)の泡箱内で撮影された飛跡を、科学者が詳しく調べているところ。

泡箱とスパークチェンバー(放電箱)は、それらよりも前に発明された霧箱と似た原理ではたらく。ドナルド・グレイザーが初期の泡箱にビールを使ったと伝えられるが、これらの検出器には、一般的に、沸点近くに保たれた液体水素が使われる。粒子が泡箱に入る直前に内部を減圧することで、液体を沸騰寸前の不安定な状態にしておく。そこを高エネルギー粒子が通過すると液体中には微小な気泡でできた軌跡が残るので、それをカメラで撮影する。磁場を加えることで、粒子の軌跡からその粒子の質量と電荷がわかる。スパークチェンバーでは、気体をはさんだ金属板のあいだを粒子が通過した直後に高電圧を加えることで、粒子によって電離した気体に放電を起こさせる。この放電も同じように撮影される。これらの検出器から得られた最大の成果は、WボソンとZボソンの発見であった。これらは、素粒子のあいだにはたらく力の一つである弱い相互作用(弱い力)を媒介する素粒子であり、1973年に予想され、1983年に泡として観測された。

90 もう一つの大爆発 ―アイビー・マイク

ビッグバン理論や星の輝きの説明には核融合が必要であった。核融合とは，小さい原子核が融合し，より大きな重い原子核になる反応過程のことである。1950年代，水素爆弾によって核融合の力が示された。

アイビー・マイクは核実験のコードネームで，太平洋のエニウェトク環礁の付近の小島，エルゲラブ島で行われた。爆弾は，長崎に落とされた原子爆弾の450倍の力があり，エルゲラブ島を完全に破壊した。

元素はどこから来たのであろうか。1940年代後半，すべての重い原子は水素の核融合の産物であるという，原子核合成の理論が打ち立てられた。2個の水素（同位体）の原子核が融合してヘリウムになり，次にヘリウムが融合してホウ素を生成するといった具合である。一般的に，核融合は不安定な放射性原子核を生成するが，これらの原子核は崩壊し，わたしたちのまわりにある安定した元素になる。核融合にはばく大な力が必要であるが，星の中心部にはそのばく大な力がある。元素の多くは，遠い昔に星の内部で形成されたのである。また，核融合はエネルギーも放出し，そのエネルギーが星をきらめかせている。金，ウラン，水銀などの重い元素は，巨星が死ぬときに起こす大爆発，すなわち超新星爆発の際の核融合で生まれる。

エドワード・テラーが同僚のハンス・ベーテとシャボン玉を作るようす。テラーは，核融合反応の伝搬を量子レベルで広がる泡になぞらえた。

熱い戦争

1952年，米軍は最初の熱核爆弾であるアイビー・マイクを爆発させ，核融合の力を手に入れたことを明らかにした。水素爆弾とも呼ばれるこの兵器は，水素の重い同位体であるトリチウムの核融合によって爆発する。エドワード・テラーとスタニスワフ・ウラムが設計したこの爆弾は，第二次世界大戦で使用された原子爆弾と同じ核分裂をまず起こさせ，その熱を利用してトリチウムを核融合させることにより，原子爆弾よりさらに大きな爆発を生みだした。

91 メーザーとレーザー

レーザーといえば，科学の進歩の代名詞のような技術である。しかし，このいわば「勝ち組」の光学装置レーザー（laser）は，もう少しでルーザー（loser,「負け組」）と呼ばれるところであった。

レーザーは，コヒーレントで指向性の高い光を発する光源である。コヒーレント（可干渉性をもつ）とは，すべての光波がそろって振動することである。指向性が高いというのは，光波が全方向に広がるのではなくて，一方向に進むことである。また，レーザー光のスペクトルは広がっておらず，ただ一つか，きわめて狭い範囲の波長だけをもっている（このような光を単色または単色性がよいという）。こうした特徴のおかげで，強度を弱めずにレーザー光を高精度で反射，屈折，集光させることができる。

最初のレーザーは，レーザーではなくて，メーザーであった。メーザー（maser）とは Microwave Amplification by Stimulated Emission of Radiation の頭文字をとったもので，「誘導放射によるマイクロ波の増幅」という意味である。マイクロ波は高周波の電波である。レーザーとメーザーの原理は同じで，「利得媒質」という光を増幅する部分に光や電気でエネルギーを供給し，利得媒質の電子をいっせいに振動させてそろった光を放射させる。利得媒質には結晶を用いることが多い。たとえば，サファイアはレーザーを作るのによく使われている。メーザーは 1953 年に作られ，1957 年までに可視光のレーザーが開発された。厳密には，開発されたものを Light Oscillation by Stimulated Emission of Radiation（放射線の誘導放出による光の振動）といい，頭文字をとってルーザー（loser）と呼ぶべきであるが，ありがたいことにこの名前は広まらなかった。

レーザーは，脱毛から DVD のデータの読み取り，月までの距離の測定，わくわくさせるライトショーまで幅広く利用されている。

92 ニュートリノの香り

一部の放射性崩壊では，陽子が中性子になったり，逆に中性子が陽子になったりすることができ，それにともなって原子番号が変わる。この過程を研究した量子物理学者は，何かが欠けていることに気づいた。

アルファ崩壊では，原子核は，陽子2個と中性子2個からなるアルファ粒子を放出する。その結果，原子番号は2減少し，質量数は4減少する。ベータ崩壊はもっと複雑である。崩壊の過程は二つある。一つは，中性子が陽子に変わる過程である。中性子は陽子より若干重く電気的に中性であり，中性子が陽子に変わるときに，余分な質量と電荷が電子として放出される。この電子がベータ粒子である。

しかし，量子論では，質量と電荷だけでなく，運動量とスピンも保存されなければならない。したがって，まだ見つかっていない第三の粒子がベータ崩壊に関与しているはずである。1920年代に，この粒子は中性子と呼ばれたが，1932年までに中性子（ニュートロン）の名は原子核の重い粒子をさすようになっていた。捕まえがたい第三の粒子も中性であるが，その質量は今日でも測定困難なほど小さい。そこで，エンリコ・フェルミはイタリア語のひねりを利かせてこの粒子をニュートリノと名づけた。

もう一つのベータ崩壊は，一つ目とは逆で，陽子が中性子に変わり，同時に陽電子とニュートリノを放出する。なお，中性子が陽子に変わる最初の過程で放出されるニュートリノは，実は反物質に分類される反ニュートリノである。

ニュートリノは，電磁気的な力になんの影響も受けず，重力の影響もかぎりなく小さい。そのため，ニュートリノを見つけるのは至難のわざである。1956年に初めて反ニュートリノが検出されたが，その方法は関連する粒子を捕らえるという間接的なものであった。ベータ崩壊によって電子の「フレーバー」をもつ（後述するクォークやレプトンを識別するための用語で，実際に粒子がフレーバー（香り）をもつわけではない）電子ニュートリノを生じる。ミューオンは電子が重くなったような粒子で，粒子の衝突によって形成される。1962年に，ミューオンのフレーバーをもつミューニュートリノが発見された。2000年には，ミューオンよりさらに重く短命なタウ粒子のフレーバーをもつタウニュートリノが発見された。2001年に，ニュートリノが「振動」し，別のフレーバーに変わることも発見された。

図は2種類のベータ崩壊を示す。ニュートリノは弱い力によって原子核から押し出されるが，その後は重力の影響しか受けない。しかし，ニュートリノの質量はきわめて小さく，重力の影響もほとんど及ばない。

ニュートリノ検出器は，不要な粒子によるノイズを遮蔽するため，地下深くに設置されている。この検出器は，カナダの地下2,000メートルにある。球体には水が含まれていて，この水にニュートリノが衝突するときに電子がチェレンコフ放射を生じる。ばく大な数のニュートリノが毎秒地球を通り過ぎていくが，この巨大検出器でさえほんの少しのニュートリノしか捕らえることができない。

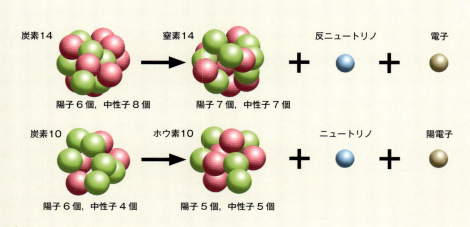

93 クォーク，その魅力と不思議さ

1964年，素粒子物理学は次の段階に移った。陽子と中性子は素粒子ではなく，さらに小さな粒子の集まりからできていた。

二人の米国人物理学者マレー・ゲルマンとジョージ・ツワイクは，それぞれ独自に，陽子と中性子，そしてそれらよりやや小さな仲間である中間子も，実際はさらに小さな粒子からできているという結論に達した。ゲルマンは，この粒子をアイルランド人作家のジェイムズ・ジョイスの本の言葉からクォークと名づけた。

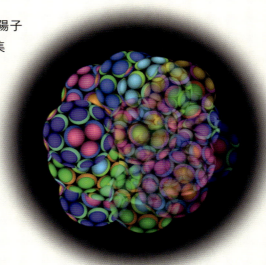

クォークをいくつもっているか

ツワイクとゲルマンの理論では，中性子と陽子は三つのクォークから形成されている。三つのクォークからできている粒子はバリオンと呼ばれるが，中性子と陽子は，自然界にもっとも多く見られるバリオンである。（これ以降，多くのほかの短寿命のバリオンが高エネルギー衝突実験によって観測されている。）K中間子やパイ中間子といった中間子は，二つのクォークからできている。

バリオンと中間子はハドロンと呼ばれるより大きなグループを作る。クォークを4個か5個もつ巨大なハドロンが存在するかもしれないと提案されているが，今のところそうした大きなものは見つかっていない。なお，一つのクォークが単独で存在することは不可能である。

クォークのフレーバー

クォークは，アップ，ダウン，トップ，ボトム，ストレンジ，チャームの6種類のフレーバーに分類されている。もっとも安定で軽いものはアップクォークとダウンクォークであり，そのほかのクォークは最終的にこの2種に崩壊する。陽子はアップクォーク2個とダウンクォーク1個をもち，中性子はアップクォーク1個とダウンクォーク2個をもつ。ほかのバリオンは別の組合せからできていて，寿命がとても短い。なかには，1兆分の1秒しか存在しないものもある。クォークはそれぞれ電荷をもつが，その大きさは，陽子の電荷を1としたときの3分の1か3分の2のどちらかである。（ハドロンを作る）三つのクォークの組合せの電荷の合計は，必ず−1から＋2までの整数になっている。

中間子はクォーク1個と反クォーク1個をもつ。中間子は，核子，つまり原子核内の陽子と中性子を結びつけるはたらきをしている。しかし，クォークのレベルでは，核子を結びつける力はグルーオンという粒子が媒介していると解釈される。グルーオンは，究極的には物質をくっつける役割をもつボソンといえる。

量子色力学は，陽子やほかの大きな粒子の内部にあるクォーク間にはたらく力を説明する理論であり，粒子間の相互作用を「色」で表す。「色」は，電荷と似たような量であるが，状態が二つではなく六つあるため，非常に鮮やかな絵ができあがる。（ただし，クォークに目で見えるような色がついているわけではない。）

94 標準模型

標準模型を打ち立てる第一歩は，1897年のジョゼフ・ジョン・トムソンによる電子の発見にまでさかのぼる。標準模型は，1970年代初期に全容を現し始めた基本粒子群からなる理論で，物理学のあらゆることを説明するのを目的としている。

この表は，標準模型で確認された17種類の粒子を示している（Wボソンは2種類あることに注意しよう）。フェルミオンの縦の列は三つの「世代」を示し，左側がもっとも安定した粒子で，右にいくにつれて短寿命になる。当然ながら，表に示した個々の粒子の反粒子も存在している。

標準模型の目的は大胆であるが，すべての力と物質（たとえば，暗黒物質）を説明できるまでの道のりは長い。しかし，この模型は，観測されている物質と自然界の四つの力のうち三つまでを理解するとても優れた方法であることがわかっている。

現在の標準模型には17種類の粒子があり，ヒッグス粒子を加えれば18種類になる。1970年代初期には見つかっていない粒子も多くあったが，予想は正しかった。年を追うごとに高性能になっていった検出器と加速器が，未発見の粒子を捕らえていった。

力と物質

自然界には四つの力（相互作用）がある。重力は，天文学的距離を越えて質量のあいだにはたらく引力である。重力は，四つの力のなかでもっとも弱く，これまでのところ，標準模型に含めることはできていない。次に電磁気力であるが，これは異符号の電荷のあいだで引力を，同符号の電荷のあいだで反発力（磁石であれば極性）を生じさせ

ヨーロッパの代表的な素粒子物理学の研究所である欧州原子核研究機構（CERN）のALICE検出器は，大きな原子核が陽子と衝突して砕け散るようすを観察するために建設された。衝突の結果，クォーク・グルーオン・プラズマという，スープのようにどろどろした，物質のもっとも基本的な状態が生じる。

る。この力は長い距離まではたらく。

　弱い力は，原子より小さな空間でのみ作用し，粒子を放射性原子核の外に押し出すときに一役買っている。最後の強い力は，原子核をつなぎとめている力で，四つの力のなかでもっとも強いが，作用する距離は短い。

　標準模型の粒子は，パウリの排他原理に従うフェルミオンと，フェルミオン間の力を運ぶ粒子であるボソンに分類される。フェルミオンはさらに6個のクォークと，6個のレプトンに分類される。6個のクォークのうち三つは3分の1の電荷をもち，残りの3個は3分の2の電荷をもつ。6個のレプトンは，フレーバーが異なる3個のニュートリノと，電子をはじめとする3個の荷電粒子からなり，ニュートリノと荷電粒子には対応関係がある。クォークは強い力の影響を受けるが，レプトンは受けない。

　力を媒介するボソンは，これまでに5個が特定されている。強い力は，グルーオンが媒介する。電磁力は，光子が媒介する。弱い力には，3個のボソンがある。Wボソン（2種類あり，それぞれ反対の電荷をもつ）は，ベータ崩壊時に電子のような重いレプトンを原子核の外に押し出す。Zボソンは，軽いレプトンであるニュートリノに対して同様のはたらきをする。（アルファ崩壊の場合，粒子を押し出すのは強い力と電磁力である。）標準模型で扱えていない力は，例外なくすべてのフェルミオンにはたらく重力である。重力はグラビトンというボソンによって媒介されているものと考えられているが，あまりにも相互作用が弱いため，誰も見つけることができていない。

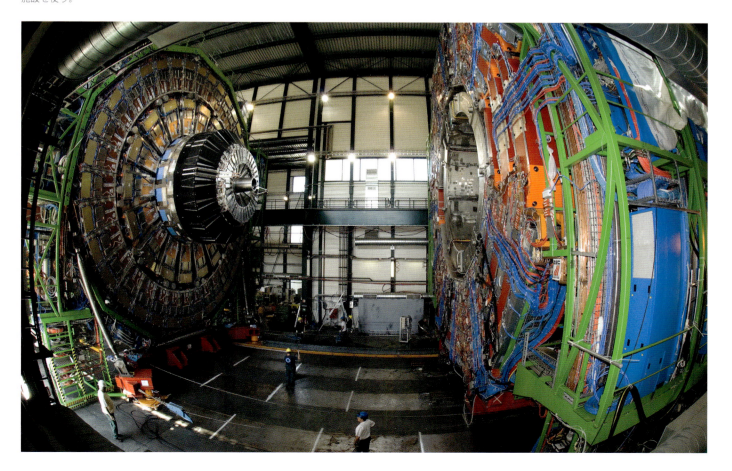

標準模型の検証には，CERNの大型ハドロン衝突型加速器（LHC）という巨大加速器のCMS（コンパクト・ミューオン・ソレノイド）検出器のような，世界最大でもっとも費用がかかる実験施設を使う。

95 ひも理論

　20世紀前半に飛躍的な進歩を遂げた現代物理学は，二つの道に分かれて進んだ。量子物理学は，原子やそれよりさらに微小なスケールで自然界の解明に取り組んだ。一方，相対性理論は，宇宙の塵（ちり）から銀河全体までのその他すべてを取り扱った。この二つの理論体系を統合させて「万物の理論」を作れるであろうか。

　結論からいうと，まだ統合はできていない。アルベルト・アインシュタインは，人生後半の40年間をかけて量子の世界と巨視的な世界との接点を探したが，見つけることはできなかった。万物の理論の探究は今日まで続いている。この二つの理論を分裂させているのは重力である。重力を除いた自然界の三つの力は，標準模型ですべて説明できる。しかし，重力は，相対性理論の天文学的なスケールでのみ理解できている。

　1960年代後半，この問題に対し数学的なアプローチをとるひも理論が現れた。ひも理論は，いくつかの技法を使って量子の波動と相対性理論の宇宙のゆがみを結びつけようとした。この理論は，曲がりくねった幾何学，位相幾何学（トポロジー）に着想を得た。位相幾何学では，角度と長さはまったく重要ではなく，連結のしかたのみを考える。

　量子力学では粒子をゼロ次元の点として表すが，ひも理論では1次元の線，すなわちひもとして扱う。スピン，電荷，フレーバーといった粒子の量子的性質は，ひもの振動によって表される。ただし，そのためには上下左右に震えるだけでは不十分で，たくさんの次元（最新の理論では合計10または11の次元）のなかで振動する必要がある。これらの次元は，量子レベルでのみ存在するコンパクトな次元だと考えられているが，わたしたちの3次元の脳ではなかなか想像できない。ひも理論を検証するのは困難であるが，この理論によるとすべての粒子と対をなして存在するはずの超対称性粒子の発見が待たれている。世界でもっとも強力な素粒子物理研究所では今，超対称性粒子を見つけようとしている。はたして，見つかるのだろうか。

ひも理論は，物質が振動するひもの絡み合いでできていることを想像させる。

96 ホーキング放射

ブラックホールを見るのは難しい。ブラックホールの最初の証拠は1971年になるまで得られなかった。その後まもなく、若き英国人物理学者が、ブラックホールを使えば相対性理論と量子物理学を同時に研究できることに気づいた。

18世紀、フランス人の大科学者ピエール＝シモン・ラプラスは、重力が強すぎて脱出速度（重力を振り切るために必要な初速度）が光速を超えてしまう「暗黒の物体」を考案した。現代風にいうと、それは光さえその物体から脱出できないことを意味する、まさに空間の黒い穴（ブラックホール）である。

1915年、カール・シュヴァルツシルトは、誕生したばかりの一般相対性理論を使い、ある質量の物体の重力からの脱出速度が光速に達するためには、その物体はどれだけ小さくなければならないかを計算した。これがシュヴァルツシルト半径である。地球と同じ質量の物体がこのような強い重力をもつためには、半径9ミリメートルという、点のように小さな物体にならなければならない。実際のブラックホールはこれよりも密度がさらに高い。ブラックホールは、巨星が塵にまで崩壊するときに形成される。そのような非常に大きな質量の物体は相対性理論に従って時空をゆがめるが、微小な領域では量子的な現象が生じることも視野に入れておかねばならない。

読者は、光すら外に出てこない「事象の地平線」を越えて、ブラックホールのなかに落ちたら、二度とそこから脱出することができないと思うかもしれない。しかし、1974年にスティーヴン・ホーキングは違う考えを提案した。量子論の不確定性原理によると、かぎりなく短い時間（10^{-43}秒）ではあるが、物質と反物質の仮想粒子がいたるところに存在し、生成と消滅を絶え間なく繰り返している。事象の地平線をはさんで生成された仮想粒子の組は、一方がブラックホールに吸い込まれるときに瞬時に引き離されるであろう。放出されるもう一方の粒子は、ホーキング放射として知られるようになった。ホーキング放射は、ブラックホールでさえ質量を失うことを示している。

スティーヴン・ホーキングが提唱したブラックホールからの放射は一度も観察されていないが、ブラックホールは「蒸発」するだろうと考えられている。

ブラックホールはそのまわりのすべての物質を引き寄せて、宇宙を掃除している。事象の地平線に向かう物質の渦は熱くなるが、これは目に見えない物体が存在する証拠を与えてくれる。

97 暗黒エネルギー

暗黒物質の発見者，フリッツ・ツビッキーは超新星探索の代表的な研究者でもあった。1998年に最大規模の調査を行い，超新星という爆発した星の痕跡である非常に強い輝きを調べたところ，別な暗黒の事実が明らかになった。

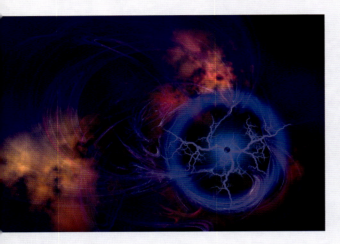

暗黒エネルギーは，宇宙に対するわたしたちの見方を一変させた。

20世紀の終わりに，宇宙や物質について知り得たことすべてに影が投げかけられた。70年間に得られたすべての証拠は，宇宙はビッグバンから膨張し続けているが，重力というすべての物質間にはたらく引力によって徐々にブレーキがかけられていることを示していた。問題は，暗黒物質を含め，宇宙の膨張をくい止めるのに十分な物質があるかどうかであった。それとも，重力が宇宙の膨張を阻止できないほど宇宙は広大なのであろうか。

暗黒物質の調査

未知の要素は，暗黒物質であった。重力は質量に比例するので，重力が宇宙の膨張をどれだけ遅くさせているかを天文学者が測定することができれば，暗黒物質のはっきりした量がわかるであろう。天文学者らは，1a型超新星を調べ始めた。超新星とは，一定の大きさ以上の星（その質量は，太陽の質量よりも大きい）に起こる巨大爆発である。

1a型超新星がこの質量に達すると，非常に特殊な方法で爆発する。1a型超新星は，恒星と白色矮星（死んだ星の残された中心部分）の連星系のなかで生じる。白色矮星は，隣にある大きな星から物質を引き寄せることによって，質量を増やしていく。その質量が超新星となる基準に達すると，大爆発が起きる。すべての1a型超新星は同じくらいの質量をもつため，明るさも等しい。したがって，1a型超新星のうち，暗いものは明るいものより遠くにあることになり，距離の測定にこれらの超新星を利用できる。また，1a型超新星の光の赤方偏移によって，この星がどのくらいの速さで遠ざかっているかがわかる。理論によると，遠くからの（古い）光は，近くからの（新しい）光よりも赤方偏移が大きくなる。古い光は，新しい光よりも古い宇宙の膨張率を示す。これらの違いは，膨張に及ぼす重力の作用を計算するのに使うことができる。

そして驚くべき結果が判明した。宇宙の膨張速度は遅くなるどころか，加速しているというのである。別のまったく未知の力が物質を遠ざけているため，重力によってすべてが停止に追い込まれるわけではない。この力は，「暗黒エネルギー」と名づけられ，いまだにその正体はわからない。暗黒エネルギーの効果は，時空の広大な無のなかでのみ現れ，宇宙がこれまで以上に「無」のなかへと膨張するにつれて，ますます大きくなるように見える。最終的には（何十億年よりずっと長い時間が経ったときに），暗黒エネルギーが強力になりすぎて，原子さえ引き離し，宇宙は素粒子で作られたかぎりなく薄いスープのような状態になるのかもしれない。

98 ヒッグス粒子を探して

2012年になるまで，標準模型は，ある重要なものを欠いていた。それは，物質に質量を与えるものであった。その発見をめざして，過去最大規模の実験がスイスの地下で行われた。

すべてではないが，多くの素粒子は質量をもっている。正確には，陽子や中性子などを構成するクォーク，そして電子やニュートリノなどのレプトンである。質量と重さはよく同一視されるが，質量の本質的な役割は，自然界の力に物質を従わせることである。重さは，重力の引く力であり，自然界でもっとも弱い力である。物質はまた，原子核をつなぎとめる強い力，放射性崩壊に関係している弱い力，電子を原子に結びつけている電磁気の力に影響を受ける。

これらの力はボソンと呼ばれる粒子が媒介している。物質間でエネルギーを運ぶ役割は，ボソンが担っているのだ。1964年に，ピーター・ヒッグス（とほかの研究者ら）は，物質に質量を与える役割を担うボソンも存在することを提唱した。このボソンを表す「ヒッグス場」は，宇宙が誕生したばかりの頃，宇宙を占めていた純粋なエネルギーが現在の物質に変換されたときに，質量を与える役割を果たしたと考えられている。

2008年から2011年のあいだに，この考えを確かめる実験が，スイスの地下にある研究センター，欧州原子核研究機構（CERN）の大型ハドロン衝突型加速器（LHC）で行われた。LHCは，今までで一番強力な粒子加速器であり，二つの陽子をお互い光速に近い速さで衝突させてビッグバン直後に存在した強力なエネルギーを再現した。2012年までに，CERNの科学者らは陽子の衝突の際にヒッグス場が形成される証拠を見つけた。理論は正しかったが，ヒッグス粒子（ヒッグスボソン）の性質は，いまだにはっきりしていない。なぜなら，ヒッグス粒子は100京分の1秒も存在しないからである。

ピーター・ヒッグスは，最近彼の名がつけられた新発見のボソンを理論的に予言していた代表的な研究者である。しかし，ほかの5人の物理学者もヒッグス粒子の予言に関していくらかの権利を主張できる。このことは，いつかこの新種のボソンの正式名に反映されるかもしれないが，よくあるようにヒッグスの名前が定着するであろう。

LHCは全周が27キロメートルあり，建設費用に約60億ドルをかけ，完成までに10年を費やした。LHCは，直径1ミリメートル未満の陽子ビームを二つの超伝導加速管のなかで周回させ，粒子検出器内部で陽子同士を正面衝突させる。

99 宇宙のインフレーション

ビッグバン理論は難解なアイデアを含んでいる。それは，宇宙が生まれるときの最初の閃光（せん）のなかでの物理法則が現在のものとは異なるというものだ。南極での天体観測によって，このアイデアに対する検証が行われている。

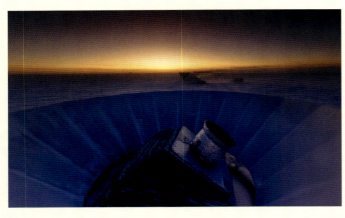

BICEP2は，2年かけて南の空の一画からやってくる電波を観測した。この電波望遠鏡は南極に設置された。南極は空気が澄んで乾燥しており，水もすべて硬く凍っているため観測に適しているからである。

ビッグバン理論は，膨張していく宇宙の姿を描いている。しかし，わたしたちが今日目にする宇宙の大きさと構造にこの理論を一致させるには，生まれてまもない宇宙は物理法則を破らなければならなかった。1980年に，米国のアラン・グースと日本の佐藤勝彦は独立に，宇宙のインフレーションと呼ばれる理論を提唱した。この宇宙のインフレーションによって，宇宙は微小な点からグレープフルーツほどの大きさに膨張することができた。その後，140億年をかけて宇宙は現在の大きさにまで成長した。

インフレーションにおいて，宇宙は光速より速く膨張しなければならず，また一種の反重力がはたらくことによって，物質は引き合うのではなく反発し合わなければならない。ただし，そのような状態は 10^{-36} 秒間だけである。このインフレーション理論によると，インフレーションは宇宙の重力場にさざ波を残したはずである。2014年に，寒く乾燥した南極の空の一画に向けられた電波望遠鏡BICEP2（バイセップ・ツー）が，このさざ波の証拠を観測したと発表した。しかし，1年後にその主張はとり下げられた。天の川のダストがさざ波を作ったようである。証拠の探求は続いている。

100 重力波

2016年，LIGO（レーザー干渉計重力波天文台）は新しい方法で宇宙を観測することに成功した。光をはじめとする電磁波ではなく，重力が宇宙に作りだした波を使ったのである。

1935年まで，宇宙の観測は，宇宙から地球に届く光を使ってしかできなかった。その後，米国の電話技術者のカール・ジャンスキーが電波でも宇宙を観測できることを示した。実際，あらゆる種類の電磁波が観測に使われるようになった。2016年，初めて重力波で天体が観測された。宇宙を探究するための新たな道が開かれたのである。

2015年9月14日，LIGOは互いのまわりを回りながら衝突する二つのブラックホールから放出された重力波を観測した。これはそのイメージを芸術家が描いたもの。

　アインシュタインの一般相対性理論は，物体間にはたらく重力によって時空に波が生じると予言した。音は媒質（空気や水など）を圧縮・膨張させる波として伝わる。光は電磁場を振動させる波として伝わる。見方を変えると，音波や電磁波は媒質や電磁場に生じた乱れが伝わっていく現象といえる。重力波に対しても同様な見方ができる。宇宙を満たしている重力場のなかで重い物体が運動すると重力場に乱れが生じるが，一般相対性理論によるとその乱れは時空そのものをゆがませ，そのゆがみが波として光速で伝わっていくのである。

　どんな物体でもこういった時空のゆがみを起こしているが，ゆがみはとても小さい。そこでLIGOは，互いを旋回する二つのブラックホールが放出する大きな重力波を探した。LIGOはレーザー光を使って時空のゆがみを測定して，重力波を観察する。レーザー光を二つのビームに分けて異なった道を進ませ，再び重ね合わせる。宇宙が変化しなければ，重ね合わさった二つのビームが干渉し，打ち消し合う。しかし，重力波が通過すると一つのビームが進む距離に微かな差が生じ，もう一つのビームとの干渉が変わる。地震などのさまざまな揺れによるノイズの影響をLIGOの測定器からとり除くため，ルイジアナ州とワシントン州の2地点に観測所が設置された。この二つの場所で観測される重力波は同じだが，地震などの揺れの影響は異なるので，ノイズをとり除ける。14年間の研究を経た2016年，ついにLIGOはブラックホールからの重力波の観測に成功したと発表した。次はどんな計画が待っているのだろうか。eLISAという宇宙重力波望遠鏡が2030年に配置される予定である。

物理の基礎

物理学は宇宙の隅々にまで光を当て，観察できない現象さえ扱う。ここでは，この本を手にした未来の科学者のために総まとめをしよう。

エネルギーとは何か

まず，この大きな問題から始めるとしよう。エネルギーとは，宇宙のなかでさまざまな事象を引き起こす源である。あらゆるものはエネルギーをもつ。質量もエネルギーの一形態である。エネルギーは作りだすことも破壊することもできない。今あるエネルギーの量は最初に存在した量と同じである。

ただし，エネルギーは物体間を移動することができ，いろいろな形態に変化すること

エネルギーの種類

音響エネルギー
媒質を通る圧力の波によって生じる。耳は音響エネルギーを音として感知する。

放射エネルギー
光とほかの電磁波（ガンマ線や赤外線など）が運ぶエネルギー。

電気エネルギー
電子やほかの帯電した粒子が電流として物質を流れるときに移動するエネルギー。

熱エネルギー
温度に応じて物質内の原子と分子を揺り動かすエネルギー。大きい熱エネルギーは物質を熱くする。

ができる。エネルギーの流れによって、宇宙は絶えず変化し、長く静止することはない。

質量と力

力とは何か

力は、エネルギーをある物体から別の物体へと移動させる。その過程で、力は物体の速さや向き、形を変えるなど、なんらかの方法で物体を変化させる。自然には四つの力がある。一つ目の強い力は、原子核を結びつける。二つ目の弱い力は放射能に関係している。三つ目の電磁気力は、異符号の電荷同士を引き寄せ、同符号の電荷同士を反発させる。最後の重力はすべての物質にはたらく引力である。強い力と弱い力は原子内部だけではたらく。わたしたちは重力を重さとして感じる。物体を押すとき、わたしたちは電磁気力を用いている。人間の手の原子を例にとると、手の原子のまわりを回っている電子は負に帯電しているが、この電子が同じく負に帯電している物体内の電子を反発させる。つまり、原子は融合しないでお互いを引き離すのである。

跳ね返るボールは上の写真のような軌跡をたどる。横向きに運動を始めたボールは、下向きの重力によって下に引っ張られ続ける。

質量とは何か

あらゆる物体は質量をもつ。質量は、力に抵抗する性質を表す量である。質量が大きい物体を動かすには、質量の小さい物体を動かすよりも大きな力が必要になる。質量のこの性質を「慣性」という。慣性によって、物体は、その運動を変える力がはたらくまでは一定の速度を維持する（または運動していない状態を維持する）。物理学において、力が物体に加えられるときに移動するエネルギーは「仕事」として知られる。仕事は「力×距離」で計算する。

運動エネルギー
物体の運動にともなうエネルギー。物体同士の衝突によって、物体間で運動エネルギーが移動する。

化学エネルギー
化学結合が切れたり新たに作られたりする化学反応で、放出または吸収されるエネルギー。

原子核エネルギー
原子の中心にある原子核内部に蓄えられたエネルギー。核分裂反応、核融合反応、放射性崩壊にともなって放出される。

ポテンシャルエネルギー
滝のてっぺんにある水はポテンシャル（位置）エネルギーをもつ。このポテンシャルエネルギーは、水が落下するときに運動エネルギーに変換される。

運動

速さが一定に保たれていても，曲がって進むときには速度が変化する。オートバイの場合，力はタイヤと道路とのあいだの摩擦力によって加えられ，このときに速度を別の向きに変える横向きの加速が起きる。

速さと加速

物理学は，運動の性質をきわめて正確に表す。速さとは，物体が単位時間あたりに進んだ距離であるが，速度には，速さだけでなく，運動の向きも関係してくる。したがって，二つの物体が同じ速さでお互いに向かって進むとき，お互いに対する相対速度は2倍になる。

物体は，力が加えられるまで一定の速度を保つ。現実的には，なんらかの方法で絶えず力が加えられないかぎり，物体は空気抵抗やそのほかの摩擦によって停止する。しかし，真空の宇宙では，力が加えられなくても物体は動き続ける。力を加えると加速が起こる。加速度とは，速度の変化率である。加える力が大きいほど加速度も大きくなる。

運動量

運動している物体は，物体がもつ運動量によって動き続ける。運動量は，「質量×速度」で計算される運動の量である。（質量が大きいほど，また物体が速いほど運動量は大きくなる。）動く物体を停止させるためには，物体の運動量を取り除く必要があるが，それには力によって伝達されるエネルギーが必要である。運動量がゼロになると，物体は停止するが，運動量は破壊されたのではなく，力を伝達する物体（たとえば，手，バット，壁など）に移されただけである。運動量保存の法則は，エネルギー保存の法則と同じく，物理学の重要な基本法則である。

引力としての重力

地球の表面上または表面近くにおいて，重力はあらゆる運動にかかわる。重力は，物体を引き寄せる力である。重力は星々や銀河間の膨大な距離にも作用するが，地球上でわたしたちが経験する重力の大半は，わたしたちの足下にある地球が及ぼしている。重力の引力はあらゆる物体と地

「ニュートンのゆりかご」は，運動中の運動量が保存されることを目で確認できる装置である。赤いボールが最初の銀色のボールにぶつかるとき，赤いボールは，自身がもつ運動量を銀色のボールに移し，停止する。最初の銀色のボールは動かないが，運動量は隣に続くボールを通じて最後のボールに移る。その結果，最後のボールは動く。

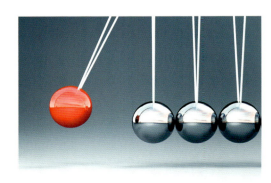

物理の基礎 ★ 117

地球上で最速の動物であるハヤブサは，獲物に向かって急降下するときに重力の引力を利用する。

球のあいだに存在する。しかし，地球の質量はわたしたちが作ることができる一番大きな物体と比べても桁外れに大きい。したがって，地球とわたしたちのあいだにはたらく重力の引力は，地球に対しては実質的にその運動を変化させることはない。一方，地球からの重力によって，急降下する鳥，スカイダイビングをする人，隕石などの物体の運動は大きく変化する。なぜなら重力の引力はこうした物体を地面に向かって加速させるからである。

軌道を回る力

重力はまた，月を，地球を周回する軌道に乗せている。月だけでなく，地球のまわりに群がる無数の人工衛星も重力によって軌道を回っている。ものを下に引っぱる力がどのように円運動を引き起こすのであろうか。それは，軌道を回る物体が，地球の表面に対して水平方向に大きな速さで運動しているからである。水平方向の速さが足りないと，垂直方向にはたらく重力の引力によって，その物体は最終的に地上に墜落する。逆に水平方向の速さが十分大きければ，重力の引力を振り切って，物体は地球から飛び去る（脱出する）。このとき，物体の速さは「脱出速度」に達したのである。ある高度での物体の速さがちょうどよい値のとき（これを軌道速度という），墜落も脱出もしないで，物体は同じ軌道をぐるぐると回り続ける。つまり物体が軌道に乗っている状態である。

重量と質量

重量と質量は地球上では同じように測定されるが，重力が地球より小さい月の上では，質量は変化しないが重量は軽くなる。

重力は，重量（重さ）すなわち物体を地上に引き寄せる力を作りだす。どの場所でも質量は一定であるが，重量は重力の引力によって決まる。たとえば，月の質量は地球の質量より小さく，その重力は地球の6分の1である。体重60キログラムの宇宙飛行士が月の上を歩く場合，宇宙飛行士の質量は変わらないが，重量は10キログラムに減る。

この図は，アイザック・ニュートンの「プリンキピア」のなかに描かれた図を模したものである。図の想像上の大砲が，砲弾1を軌道速度に満たない速さで発砲すると，砲弾1は放物線を描いて地面に落下する。砲弾2は，軌道速度で地球のまわりを回る。砲弾3は楕円軌道を描いて地球に再び戻ってくる。砲弾4は，脱出速度を超える速さで発砲されたので，双曲線と呼ばれる軌道を描いて地球から飛び出していく。

波

波は，振動しながらエネルギーをある場所から別の場所に移動させる。音波や地震波のような通常の波には波を伝える媒質が必要であるが，光のような波には必要ではない。波には主に2種類ある。光に見られるような上下に振動する「横波」と，音に見られるような圧縮と膨張の繰り返しが伝わっていく「縦波」である。

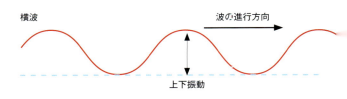

振幅以外の要素すべてが一定であれば，波の強度（単位時間あたりのエネルギー）は振幅の2乗（振幅×振幅）に比例する。音波がよい例であるが，大きな音ほど振幅が大きい。

波の測定

波は波長，振動数（周波数），速さ，振幅によって定義することができる。波長とは，波が1回振動するときに進む距離である。振動数とは，単位時間あたりに波が何回振動したかを表す数である。速さとは，波が単位時間あたりに進む距離である。波が（光のように）固定された速さをもつ場合，その波長は振動数に反比例する。最後に振幅であるが，これは振動の大きさである。

下図：波のどこで測っても波長（λ）は同じである。

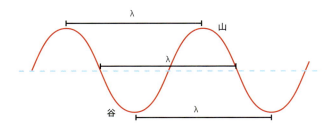

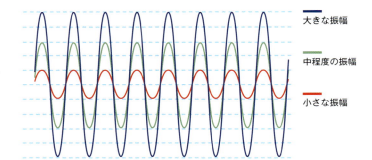

波長（λ）が短くなっても同じ速さを保っている場合，周波数（振動数）は増す。

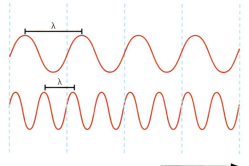

人間の知覚は波に基づく。コンサートの音と眺めは，ステージから伝わるいろいろな波として観客に届く。

光　学

反射と屈折

光学は，光線のふるまいかたについての学問である。反射の法則では，光線の入射角（光が入ってくる角度）は反射角と同じである。したがって，物体から出た光がなめらかな表面に反射されたとき，わたしたちは光の乱れのない物体の像を見ることができる。光が屈折する場合，光線は特定の角度で曲がる。レンズは光線を集光することができるが，これは光が少しずつ異なる角度でレンズの湾曲した面に当たるからである。それゆえ，屈折角も若干異なり，光線は1点に集中する。

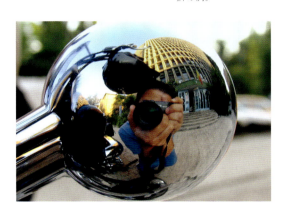

鏡の前に物体があると，鏡の後ろ側の，同じ距離だけ離れた位置に，実物と同形の鏡像（虚像）が見える（ただし，左右は反転する）。

写真（下）：反射と屈折の例。

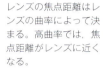

レンズの焦点距離はレンズの曲率によって決まる。高曲率では，焦点距離がレンズに近くなる。

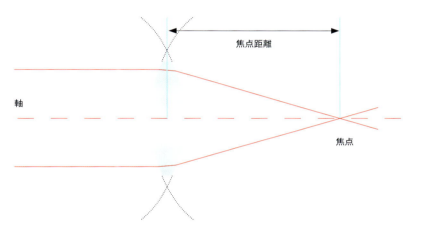

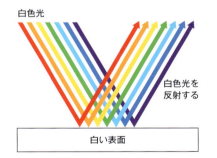

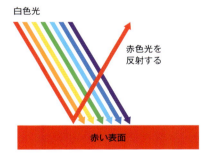

物体の色は，物体に当たる白色光を物体がどのように反射・吸収するかによって決まる。黒は光がそこから来ない状態であるから，黒い物体はすべての可視光を吸収している。白い物体はすべての光を反射する。特定の色は，その色の波長だけが反射され，その他の波長の光が吸収される結果である。

干　渉

あらゆる種類の波と同じように，光線も互いに干渉する。干渉は，波が異なる位相をもつとき，つまり波の振動がほかの波のタイミングとずれるときに生じる。二つの波が同位相（振動のタイミングが合う）のとき，「強め合う干渉」が起きて，一つのより強い波ができる。二つの波が逆位相のとき，「弱め合う干渉」が起きて互いに打ち消し合う。

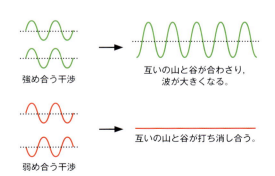

電磁気

1820年代から，電気と磁気は電磁気と呼ばれる一つの現象の二つの側面であることが知られるようになった。電磁気は，原子では負電荷をもつ電子を正電荷をもつ原子核に結びつける力であるが，この力を利用して，電子やほかの荷電粒子の流れである電流を発生させることができる。電流は，導体と呼ばれる材料を流れる。導体は自由に動く電子をもつ。反対に，この性質をもたない材料を絶縁体（不導体）といい，これは電流を通さない。導体のまわりに電場があると，電流が流れる。磁場も同時に形成され，導体に電流が流れているあいだ，導体は磁石（電磁石）になる。

オームの法則

この図からは，電流，電圧，抵抗，電力を関連させたオームの法則の使い方と，それぞれの値を他の項目を用いて計算する方法がわかる。

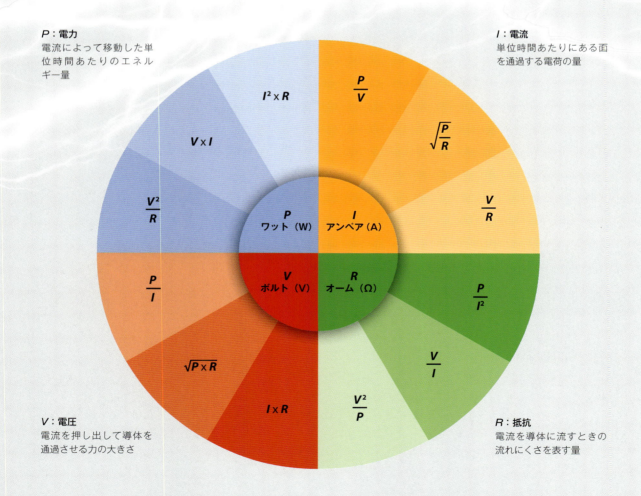

P：電力
電流によって移動した単位時間あたりのエネルギー量

I：電流
単位時間あたりにある面を通過する電荷の量

V：電圧
電流を押し出して導体を通過させる力の大きさ

R：抵抗
電流を導体に流すときの流れにくさを表す量

磁　場

磁石が及ぼす力を表す磁場は，磁石をとり囲み，N極とS極をつなぐ磁力線として考えることができる。SN両極や磁石の近くなどの磁力線が密に並んでいる場所では，磁場がもっとも強い。そこから遠ざかると，磁力線がまばらになっていき，磁石の影響が少なくなる。

電気力と同じように磁気は「反対のものに引かれ合う」という法則に従う。磁石のN極は，別の磁石のS極を引きつけるが，同じ極同士はお互い反発する。この特徴は，磁力線上の矢印で表される。矢印が同じ向きをさしている場合は磁石は引かれ合い，反対向きをさしている場合は反発する。

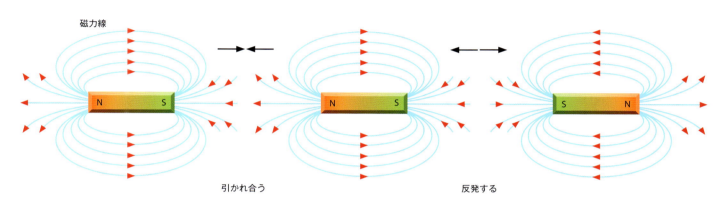

物理の公式表

物理量	式の説明	公式	物理量	式の説明	公式
電流	電圧÷抵抗	$I = \dfrac{V}{R}$	力	質量×加速度	$F = ma$
電圧	電流×抵抗	$V = IR$	運動量	質量×速度	$p = mv$
抵抗	電圧÷電流	$R = \dfrac{V}{I}$	圧力	力÷面積	$P = \dfrac{F}{A}$
仕事率	仕事÷時間	$P = \dfrac{W}{t}$	密度	質量÷体積	$\rho = \dfrac{m}{V}$
変位	速度×時間	$s = vt$	体積	質量÷密度	$V = \dfrac{m}{\rho}$
時間	変位の大きさ（距離）÷速度の大きさ（速さ）	$t = \dfrac{|s|}{|v|}$	質量	体積×密度	$m = V\rho$
速度	変位÷時間	$v = \dfrac{s}{t}$	運動エネルギー	1/2 質量×速度の2乗	$E_k = \dfrac{1}{2}mv^2$
			重量	質量×重力加速度	$Wt = mg$
加速度	（最終の速度－初期の速度）÷時間	$a = \dfrac{v_2 - v_1}{t}$	仕事	力×力の向きの変位	$W = Fs$

まだ答えが見つかっていない問題

19世紀後半の物理学者は，科学によって宇宙の大部分を説明したと信じていたが，それはすぐに大きなまちがいであることがわかった。現代の物理学者は，未解決となっている問題にもう少し謙虚に取り組んでいる。

人間の意識は量子物理学の領域か

医者，生物学者，心理学者などが答えを出せない領域に物理学者は答えを出せるであろうか。人間の脳には，何兆もの接合部でつながった数十億個の細胞がある。今のところ，人間の脳は脳自体を理解することはできないが，考えをもつことはできる。人間の脳（そしてもしかしたらほかの頭の大きな生物の脳）は，体のための中央処理装置から大躍進し，抽象的で架空の考えであふれる「意識」をもつにいたった。一説によれば，この進化は量子力学の奇抜な世界の産物である。こうした議論の根拠となるのが，脳がその活動の基礎となる原理と前提の限界を超えることができるという事実である。これは，現代のコンピュータでは実現できない。脳はその限界を超えるために，量子論の不確定性原理をなんらかの形で利用して，問題，プログラム，質問などの限界を超えて「計算」を行っているのではないか，といわれている。独創的な思考は脳のこうしたはたらきからもたらされる。しかし，現在のところ実証からはほど遠い段階で，この理論自体がただの独創的な思考の域を出ていない。これを証明するには，量子コンピュータを作って，このコンピュータに問題を解いてくれるようお願いするほかなさそうである。

どのように重力は量子スケールではたらくのか

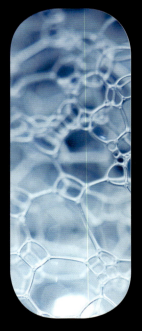

目を凝らして見てみよう。時空の本質は泡かもしれない。

重力は，もっぱら時間と空間に関係する。アインシュタインの一般相対性理論は，物体がどのように時空をゆがめるかを示し，重力が時空のゆがみの結果であることを明らかにした。この理論は，銀河，星，りんごといった巨視的なスケールのものに対してはとてもうまくはたらく。しかし，重力以外の自然の力は，巨視的スケールとは真逆な，量子レベルの微視的スケールで説明される。これらの力と重力はどのように関係づけることができるであろうか。素粒子の微視的スケールでは，重力の影響はほかの力と比べて小さすぎて観察できない。物理の理論が「すべて」を説明できるようになる希望が一つだけあるが，それは重力を量子の言葉で説明することである。その候補の一つに，ループ量子重力理論がある。これは，時空は原子的であるという考え方である。物質の分割できない構成単位はもともと原子であると考えられていたが，今ではそれはクォークであると考えられている。物質が分割できない構成単位から成り立つのと同じように，ループ理論によると，空間は大きさが1プランク長の「スピンネットワーク」で組み立てられている。（1プランク長は，それより小さくなるのが不可能なくらいきわめて小さい。）スピンネットワークのレベルでは，時空は質量によってゆがめられず，大規模にはたらく重力をそのほかの自然の力といっしょに量子的な世界像で表すことができる。時間とともに，これらすべての力の作用はスピンネットワークを泡だった「スピン泡」に変える。

ダークフローに光は当たるか

多くの観測結果が,銀河団(数十億個の星)の一群は,全方角に広がる代わりにすべてが一つの方向に向かっていることを示唆している。しかも,銀河団は本来進むべき速さより速く進んでいる。この現象は,「ダークフロー」と呼ばれ,銀河が観測できる宇宙の端を越えたところにある巨大な物体,もしかするとビッグバンの最初の閃光のなかでわたしたちの宇宙と一度はつながっていたと思われる別の宇宙に向かって引っ張られているともいわれている。たとえていうならば,時空は傾いており,空間の中身がすべて滑り落ちていっているのである。その巨大な傾きは,宇宙規模の質量によってのみ生じることができる。プランク観測衛星が撮影した宇宙の最新のスナップショットから,ダークフローは過去の調査のまちがいの産物であると指摘されているが,疑問はいまだに残る。

時間はいつも一方通行か

時間の経過は,エントロピーの増加として説明される。エントロピーは,乱雑さの大きさを表す。高エントロピーをもつ系はきわめて乱雑である。宇宙のエントロピーは宇宙の始まりからいつも増えてきた。これは,宇宙が熱力学第二法則に従っていることを意味する。いいかえると,全体として見たときに,宇宙の物質はどんどん冷えていき,均質化するとともに拡散していく。全体像を見れば,このプロセスが逆向きに進むことはない。いわば「時間の矢」として見ることができる。しかし,放射性崩壊のあいだ,関係する粒子はしばらくのあいだは時間に逆向しているように見える。これも一般的な熱力学で解釈できるのだろうか。それとも時間を巻き戻す方法があるのだろうか。

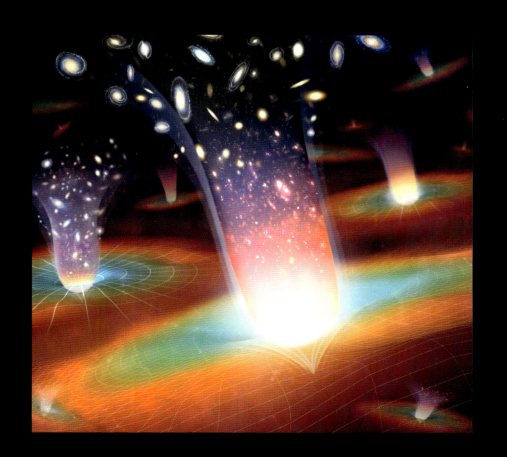

まだ答えが見つかっていない問題

暗黒エネルギーは幻想か

　1998年以降，物理学には新たな謎が存在している。それは暗黒エネルギーで，宇宙の膨張を加速させているように見える謎の力である。しかし，本当に宇宙の膨張はだんだん速くなっているのであろうか。わたしたちは，宇宙は全方向に等しく膨張すると仮定している。しかし，宇宙がもっと複雑な形であり，そこではあらゆる膨らみや泡が異なる速度で膨張しているとしたらどうだろう。仮に宇宙のなかでわたしたちが住んでいる区域が特に速く膨張しているとしたら，それ以外の区域は実際よりも速くわたしたちから遠ざかるように見える。その場合，ビッグバン理論が当初予測したとおり，実際の宇宙の膨張速度は緩やかになっている可能性もある。そうであれば，暗黒エネルギーは不要になる。このように，ひとたび宇宙の運動を修正すると，宇宙がどこに向かっていくかはわからなくなってしまう。

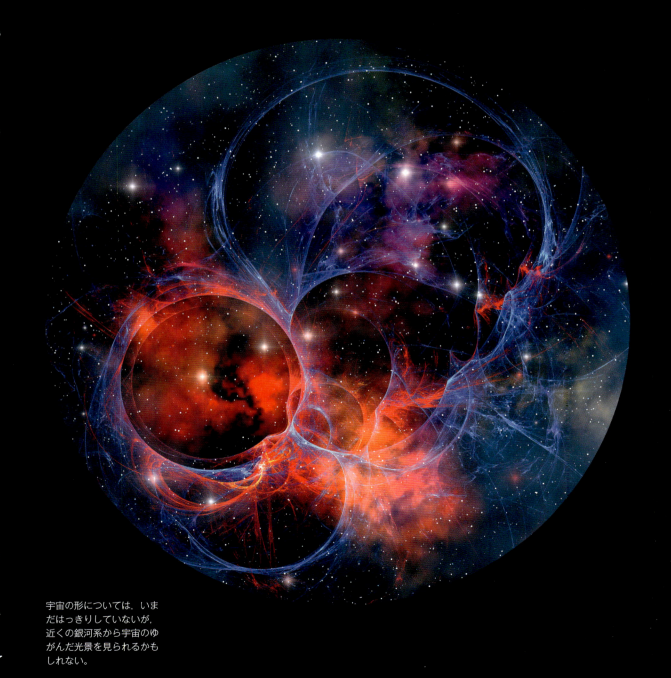

宇宙の形については，いまだはっきりしていないが，近くの銀河系から宇宙のゆがんだ光景を見られるかもしれない。

宇宙は生命なしに存在し得るか

宇宙の法則は，わたしたち生命にとって適している。宇宙の法則がたとえ少しでも変われば，安定した星，惑星，そして複雑な化学構造をもつ生命体は存在できなくなるであろう。たとえば，電磁力は重力の 10^{39} 倍強い。それゆえ，この二つの力（とそのほかの力）が一緒にはたらいて星に火を灯し熱と光を放出させた結果，安定した惑星系を形成するために必要なゆっくりと燃える星ができる。恒星系の一部の惑星は，すさまじい衝突と火山活動が終わると，岩石が固まり，生命が存在する可能性のある惑星となる。（最新の予測によると，宇宙には恒星より惑星のほうが多い。）もし，自然の力の比率が今と異なれば，星は形成すらされないかもしれない。または，星が速く燃えすぎて，惑星が成熟しきれないかもしれない。わたしたちが知る生命体が必要とする重い岩石の惑星を形成するのに十分な金属元素を作ることができないかもしれない。ここで，次の疑問が浮かぶ。宇宙は，わたしたちが存在し宇宙を観察できるよう，そのような姿になっているのだろうか。いいかえると，宇宙は生命を排除する物理法則とともに存在できるのか，ということである。量子物理学の一つの学説によると，答えはノーである。観察者がいなければ，そのような宇宙は現実的なものが何もない，実現できない可能性の泡に留まったままであろう。

宇宙はステライルニュートリノであふれているか

暗黒物質は宇宙の大部分を占める未発見の物質であるが，これについての一般理論の一つによると，暗黒物質はWIMPS（物質との相互作用がほとんどない重い粒子）からなる。質量の性質の一つに，質量は力に応答するという性質がある。つまり，わたしたちは質量を押したり引っぱり回したりできるのである。しかし，理論上のWIMPSはほとんどの自然の力に影響を受けない。WIMPSはわたしたちのまわりに存在してもその形跡を残さないのである。WIMPSの最有力候補は，ステライルニュートリノである。ステライルニュートリノは，自然の力のなかで一番弱い重力のみに影響を受けるとても小さな粒子である。重力は物体の質量に比例する。ニュートリノの質量はまだはっきりと計測されていないが，電子の10万倍も軽いと予想されている。そのため，重力でさえステライルニュートリノにほとんどなんの作用も及ぼさない。宇宙はステライルニュートリノであふれているのであろうか。いくつかの検出器がこの粒子を探し始めている。

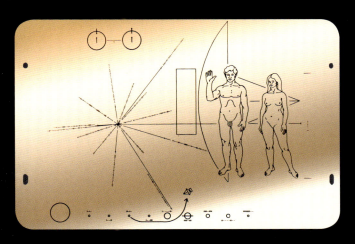

NASAが宇宙に送り込んだプレートは人類の名刺である。宇宙の出生証明書としての意味もあるのだろうか。

偉大なる物理学者たち

　物理学史上の偉大な人物とは，この自然界の仕組みとその原理を解き明かしてきた者たちである。多くの場合，原理の探究が起こるのはアインシュタイン，ニュートン，ファインマンのような偉大な理論家の頭のなかであったが，ほかの大発見は，たとえばヘンリー・キャヴェンディッシュが納屋のなかで地球の質量を測ったり，アーネスト・ラザフォードが金箔を用いて原子核を明らかにしたり，エンリコ・フェルミがスカッシュコートで原子を分割したりといった実証的な取り組みによってなされた。ここでは，こうした出来事の背後にいる人物を見ていこう。人物は年代順に並べた。どの偉大な物理学者が同時期に活動していたかがわかるようになっている。

デモクリトス

生年	紀元前460年頃
生誕地	現在のトルコにあったギリシア植民地
没年	紀元前370年頃
重要な業績	原子論の展開

　デモクリトスは現在の西トルコにあるギリシアの植民地に生まれた。彼はかなり広域にわたって旅をしたと伝えられている。彼の研究は，エジプト人数学者やペルシアの賢者，またバビロンの天文学者の教えに刺激を受けた。一説によると，デモクリトスは自分の思考に集中するために自分自身を失明させたそうである。彼の外見はおどけた感じであり，よく冗談をいいながらほかの哲学者を批評していた。彼を快く思わない者もいた。プラトンにいたっては，デモクリトスの著作物をすべて燃やそうとする運動を起こしたが，幸いにも不成功に終わった。

ミレトスのタレス

生年	紀元前624年頃
生誕地	西トルコのミレトス
没年	紀元前547～546年頃
重要な業績	「科学の父」

　タレスの生涯についての記録はない。彼は，エジプト人司祭から教えを受けたと考えられている。いくつかの報告によると，アテネと，さらに遠いところででも暮らしていたようだ。彼についてもっともよく知られている事実は，日食を予測できたということである。リディアがメディア（隣接する王国）と戦争していた年に，彼は日食を予測した。この2国間の最終決戦は紀元前585年のハリュスで行われ，日食によって「昼間が夜になったとき」に終わった。この日食はタレスが予測したと推定されている。両国の指揮官は日食を神のお告げとしてとらえ，戦争を終わらせた。

アリストテレス

生年	紀元前384年
生誕地	ギリシア北部のスタゲイラ
没年	紀元前322年
重要な業績	初期の西洋科学における重要人物

　アリストテレスは，ギリシアの北部にあるマケドニアの貴族の家に生まれた。王の侍医の息子であり，裕福な仲間の貴族と同じようにプラトンの生徒としてアテネで教育を受けた。アリストテレスは，師匠のプラトンの後を継ぎ，ギリシア人哲学者のなかでもっとも影響力をもつ人物となった。物理学，天文学，生物学，倫理学を研究し，それはヨーロッパからアジアにわたって「常識」となった。アリストテレスの考え方にはまちがえもたくさんあった。わたしたちが理解している現代物理学はアリストテレスの見方を疑ったときから始まった。

アルキメデス

生 年	紀元前290〜280年のあいだ
生誕地	シチリア島のシラクサ
没 年	紀元前212〜211年のあいだ
重要な業績	浮力の法則を発見

　アルキメデスは，浮力と数学についての業績だけでなく，発明でも記憶されている。ポエニ戦争中，ローマ人からシラクサを守るために彼が設計した装置は伝説となった。「鉤爪」と呼ばれる兵器は敵船を揺さぶり，ローマ軍が町を攻撃する前に「熱線」をあびせ船に火をつけた。ローマ人が最終的にシラクサを占領しても，アルキメデスはひるまなかったようである。彼は最新の数学の問題に没頭しており，血気さかんなローマ兵の命令を無視してしまった。兵士はこの偉大な思想家に切りかかり，アルキメデスは命を落とした。

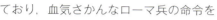

アル＝ビールーニー

生 年	978年
生誕地	ウズベキスタンのホレズム地方
没 年	1048年
重要な業績	力学分野の統合への貢献

　多くのイスラムの学者は古代ギリシアの業績を足がかりにした。7カ国語を話したというアル＝ビールーニーは，イスラム世界の東の果てからやってきた人物である。彼は現在のアフガニスタンで長年過ごし，インドの科学にも着想を得た。彼の物理学に対する貢献は，力学と流体力学（流体の運動に関する学問）においてである。また，現在のパキスタンにある山頂を利用して，山頂と地平線と地球の中心を結んで大きな直角三角形を作り，地球の半径と円周を計算したことでも知られている。

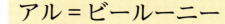

イブン・アル＝ハイサム

生 年	965年
生誕地	イラクのバスラ
没 年	1040年
重要な業績	光学の創始者

　中世ヨーロッパでは，イブン・アル＝ハイサムは，単に「物理学者」として知られていた。彼はおそらくイスラムの黄金時代にもっとも多くの成果を出した科学者である。故郷のバスラは10世紀には文化の中心地であったが，バグダッドにある当時最高峰の学術機関である「知恵の家」でも教育を受けた。しかし，彼は愚かなミスを犯した。バグダッドでナイル川をコントロールできると豪語し，不運なカイロ移住をしたといわれている。この口から出まかせの自慢が彼を苦境に追いやった。

アヴェロエス

生 年	1126年
生誕地	スペインのコルドバ
没 年	1198年
重要な業績	「慣性」にあたる初期の概念を提案

　アヴェロエスの時代には，現在のスペインとポルトガルに存在したイスラム王朝，アル＝アンダルス（この名は現在でもスペインの南部の「アンダルシア地方」として残っている）は，イスラム世界でもっとも有力な地域であった。アヴェロエスは，裁判長の息子として地位の高い家に生まれた。当時のほかの学者と同じように，彼は物理に貢献しただけでなく，医者，天文学者としても知られている。彼がもっとも大きな影響を与えたのは哲学である。アヴェロエスは，宗教的真理と哲学を融合させようとした。このような融合の試みは今日でも急進的な発想といえる。

ガリレオ

生　年	1564年2月15日
生誕地	イタリアのピサ
没　年	1642年1月8日
重要な業績	落下の法則と振り子の法則

　この科学者の氏名はガリレオ・ガリレイであるが，彼の貢献はあまりにも大きいので，もっぱらファーストネームで知られている。音楽家の息子であったガリレオは科学の道を選んだが，ビジネスチャンスをいつも虎視眈々と狙っていた。というのも彼の家族はよく金銭トラブルを起こしていたからである。新しく発明した望遠鏡も一攫千金を狙ったものであり，結果的にそれは成功を収めた。しかし，望遠鏡から見た宇宙の説明が，教会との対立を招いた。刑務所行きを避け，収入を確保するため，ガリレオは自分の説を撤回せざるをえなかった。

ロバート・フック

生　年	1635年7月18日
生誕地	英国のワイト島
没　年	1703年3月3日
重要な業績	弾性に関するフックの法則

　17世紀の英国のいろいろな話によく登場する人物にもかかわらず，本物のロバート・フックの肖像画は残っていない。フックは，エドモンド・ハレーやクリストファー・レンのような科学者と並ぶ，1660年代の王立協会設立における重要人物であった。このおかげで，彼はロバート・ボイルの気体の研究，ニュートンの万有引力の法則の発見，ホイヘンスの時間を測る振動子など数多くの科学革命の大躍進を目の当たりにすることができた。フックはまた顕微鏡を生物試料の観察に使った最初の科学者の一人である。彼は，植物の組織内に周囲を壁で囲まれた小さな部屋を見たと報告している。彼はそれを，修道士の部屋になぞらえて，「セル」（細胞）と名づけた。（セル（cell）という英単語には「修道院の小部屋」という意味がある。）

ロバート・ボイル

生　年	1627年1月25日
生誕地	アイルランド，ウォーターフォード州のリスモア
没　年	1691年12月31日
重要な業績	ボイルの法則の発見

　ロバート・ボイルの1661年の著書『懐疑的化学者』は，錬金術の迷信を疑い科学的に元素の研究を行う初期の試みであった。ボイルは科学だけでなく宗教にも熱心で，キリスト教を広めるため東インド会社に投資した（かなりの利益も得たであろう）。遺言状のなかで，自らの財産を最新の宗教に関する考え方についての講義に分与するとした。ボイル講義は数度の中止はあったもののそれ以来毎年行われている。

アイザック・ニュートン

生　年	1642年12月25日
生誕地	英国，リンカーンシャーのウールズソープ
没　年	1727年3月20日
重要な業績	重力と運動の法則を公式化

　ニュートンの業績は光学と運動の研究だけではない。彼の微積分学によって，絶え間なく変化する自然現象を数学で表せるようになった。生まれる前の父の死と，母親の拒絶を子ども時代に経験したためか，ニュートンは秘密主義で執念深いわがままな人間に育った。発見を非常に用心深く秘密にしたので，発見から発表までに何十年も経っていることがよくあった。運動と数学に関する研究の大半は，都市部に蔓延していた黒死病から逃れてリンカーンシャーの実家にいたときになされたといわれている。

ベンジャミン・フランクリン

生　年	1706 年 1 月 17 日
生誕地	米国のボストン
没　年	1790 年 4 月 17 日
重要な業績	正電荷と負電荷の概念

　米国建国の父の一人として知られているベンジャミン・フランクリンは，大使・政治家としての仕事を始める前は熱心な発明家であり，研究者であった。彼は電気の研究でよく知られている。フランクリンは自分で行った有名なたこ揚げ実験を運よく生き残った。少なくともこの実験を再現した科学者一人が感電死している。フランクリンは気象学と熱力学（特に蒸発の冷却効果）にも興味をもっていた。科学の研究のほかに，彼は共鳴するガラスを利用して音を奏でる楽器を発明した。

ヘンリー・キャヴェンディッシュ

生　年	1731 年 10 月 10 日
生誕地	フランスのニース
没　年	1810 年 2 月 24 日
重要な業績	地球の密度の測定

　ヘンリー・キャヴェンディッシュは科学の素養がある貴族の家に生まれた。父は王立協会の会員であり，ヘンリーも同協会にすぐに加わった。のちに生まれた彼のいとこがケンブリッジ大学にキャヴェンディッシュ研究所を寄贈している。キャヴェンディッシュは人づきあいが苦手であった。実家の裏に建てられた実験室で研究し，そこで 1760 年代に水素を発見した。彼は孤独な人生を送り，使用人たちへの指示ですらメモ越しであった。言葉を発することはほとんどなかったが，王立協会の夕食会の常連であった。結果として，彼の発見の多くは死後に知られることになった。

ジョゼフ・ブラック

生　年	1728 年 4 月 16 日
生誕地	フランスのボルドー
没　年	1799 年 11 月 10 日
重要な業績	潜熱の発見

　ジョゼフ・ブラックは医学の道を選んだが，家族はワイン業者であったので，子ども時代のブラックは，ブドウ栽培者らが利用する天然の化学過程と人工の化学過程の双方を，間近で見てきたことであろう。彼は生涯を通じて化学に興味をもち，1750 年代に今では二酸化炭素と呼ばれている「固定空気」を発見した。これは，元素を理解するための研究の第一段階となった。ブラックはまたスコットランドにおける当時の知識階級の一人であり，経済学者のアダム・スミスや哲学者のデイヴィド・ヒューム，機械技師のジェイムズ・ワットといった人物と定期的に会っていた。

アレッサンドロ・ボルタ

生　年	1745 年 2 月 18 日
生誕地	イタリアのコモ
没　年	1827 年 3 月 5 日
重要な業績	ボルタ電堆（電池）の開発

　ボルタが取り組んだ最初の電気装置は「電気盆」であった。このディスク型の静電気発生装置を発明したわけではないが，それを実用化した。（「電気盆」という名前も彼がつけた。）彼の興味はそれから化学に向かった。18 世紀後半は，化学のほうが物理学よりも活気のある分野だったが，彼はこの 2 分野をつなげはじめた。彼は，帯電した物体の電荷と電位は比例するという電気容量の法則を公式化した。ナポレオン・ボナパルトがイタリアを併合した直後にボルタは電池を開発してナポレオンに実演して見せた。その後すぐに伯爵の位を授けられた。

ジョン・ドルトン

生 年	1766年9月5日または6日
生誕地	英国，カンバーランド州のイーグルスフィールド
没 年	1844年7月27日
重要な業績	現代的な原子論

　クェーカー教徒のジョン・ドルトンは英国の大学に入学することを禁じられた。大学側が非国教徒の宗派を認めなかったからである。ドルトンはほとんど独学で学び，英国マンチェスターの自然哲学者ジョン・ゴフから非公式の教育を受けた。（ゴフはのちに「science（科学）」という言葉を作ったウィリアム・ヒューウェルも教えた。）ドルトンは王立協会フェローに選出された後もマンチェスターでつつましく暮らしていた。原子質量の単位は彼をたたえてドルトン（記号 Da）と名づけられた。1ドルトンは炭素12原子の質量の12分の1である。

ジョゼフ・ヘンリー

生 年	1797年12月17日
生誕地	米国のオールバニー
没 年	1878年5月13日
重要な業績	電磁誘導の発見

　世間一般では電磁誘導の発見者はファラデーとされることが多いが，歴史上，電磁誘導を最初に発見したのはジョゼフ・ヘンリーである。電磁気の応用に関するヘンリーの研究は1830年代後半の電報の開発に結びついた。彼は世界中の家々で使われてきた単純な電磁石式ドアベルの発明者であった。また，国立科学振興研究所を創立した。それは1846年になってスミソニアン協会に統合され，ヘンリーは同協会の初代会長として就任した。

マイケル・ファラデー

生 年	1791年9月22日
生誕地	英国のロンドン
没 年	1867年8月25日
重要な業績	電磁誘導の共同発見者

　貧しい家に生まれたマイケル・ファラデーは見習いの製本工であった。しかし，彼はロンドンの王立協会を訪れ化学者のハンフリー・デイヴィーの話を聞いて，別な道に夢を抱くようになった。彼がとった講義ノートにたいそう感心したデイヴィーは若いファラデーを助手にした。しかし，ファラデー自身の研究成果が影響力の強い師との対立を招いた。この対立はファラデーが中年になってひどいうつ状態になった原因の一つと考えられている。晩年，彼は英国人に尊敬されるようになったが，研究はほとんど行わなかった。

ジェイムズ・プレスコット・ジュール

生 年	1818年12月24日
生誕地	英国のサルフォード
没 年	1889年10月11日
重要な業績	熱と力学的エネルギーの関連づけ

　ジェイムズ・ジュールは父親の醸造所の隣で生まれた。彼は成長して家業を継ぎ，熱と化学を利用しておいしいビールを生産した。科学の研究はジュールの趣味であった。彼は幸運にもマンチェスター近郊でジョン・ドルトンの個人指導を受けてきた。趣味と仕事が一体となり，ジュールは当時の最先端技術だった電気モーターで醸造所の蒸気機関の性能を高めようと考えた。そして，両システムが行う仕事を比較する方法を探究した。ジュールの墓石には772.55と刻まれているが，これは彼が計測した熱の仕事当量の値である（現在の単位で 4.14 J/cal）。

ケルビン卿

生年	1824年6月26日
生誕地	北アイルランドのベルファスト
没年	1907年12月17日
重要な業績	絶対零度を計算

ケルビン卿は，もともとは控えめなウィリアム・トムソンという名であった。トムソンは数学教授の息子で，スコットランドのグラスゴー大学内の学校で教育を受けた。彼が物理に幅広い興味をもつようになったのも不思議ではない。トムソンは1892年に初代ケルビン男爵に叙任されたが，熱力学の研究だけでなく，電信と計算機の研究もした。大西洋を横断する最初の電信ケーブルの敷設にかかわり，潮汐を予想するアナログ計算機も発明した。この計算機はとても正確だったので，1970年代になっても使われていた。

ニコラ・テスラ

生年	1856年7月10日
生誕地	クロアチアのスミリャン
没年	1943年1月7日
重要な業績	電力系統を開発

テスラは故郷では英雄である。セルビア民族であるため，テスラ博物館と資料館がベオグラードにある。現在のクロアチアに生まれたため，クロアチアではほとんどの町にテスラの名がつく通りがある。しかし，テスラはオーストリア市民であり成人してからはほとんどの期間を米国で過ごした。父親は彼を神父にしたかったが，若いニコラがコレラに感染したとき，回復したら工学を学びたいという息子の意志を尊重することを約束した。テスラは20代で米国に移り，トーマス・エジソンの下ではたらいた後，ライバルのジョージ・ウェスティングハウスにつき，電気技術を発展させた。

ヴィルヘルム・レントゲン

生年	1845年3月27日
生誕地	プロシア（現在のドイツ）のレネプ
没年	1923年2月10日
重要な業績	X線の発見

病院では「レントゲン線」という呼び名が使われることもあるが，レントゲン自身は，彼の発見した放射線をX線と呼ぶのを好んだようだ。このいい方は定着した。レントゲンはX線写真の特許を取得しなかったので，日々の暮らしは大学の給料でやりくりした。また彼は，1900年に世界初のノーベル物理学賞を受賞したときにもらった賞金をも譲ってしまった。彼が晩年に破産したときは，過去の博愛精神を後悔したかもしれない。レントゲンは胃がんで亡くなったが，これはおそらく生涯を通じて危険な放射線にさらされてきたことが原因であろう。

ジョゼフ・ジョン・トムソン

生年	1856年12月18日
生誕地	英国のマンチェスター
没年	1940年8月30日
重要な業績	電子の発見

素粒子物理学の創始者であるジョゼフ・ジョン・トムソン（J.J.トムソン）は，原子がこれ以上分割できない固体ではなく，さらに小さな粒子からできていることを明らかにした。成績優秀であったため，両親はトムソンを蒸気機関の整備士の見習いに行かせようとした。しかし，彼は17歳のときにケンブリッジにあるトリニティ大学に入学を許可され数学と物理学を学んだ。その後も大学を離れず1884年に物理学の教授になった。トムソンの息子ジョージも電子の波動・粒子の二重性の研究でノーベル賞を受賞した。電子はまさにジョージの父トムソンが発見した粒子であった。

ハインリヒ・ヘルツ

生　年	1857年2月22日
生誕地	ドイツのハンブルグ
没　年	1894年1月1日
重要な業績	電波の発見

　ハインリヒ・ヘルツは36歳の若さで病没した。しかし，その短い人生のなかで彼が残した業績によって，周波数の単位に彼の名前がつけられた。周波数の単位ヘルツ（Hz）は，物理学の垣根を超えたすべての科学分野に不可欠である。彼が開発した火花放電を発生させる装置はマルコーニらにも利用され，その結果，無線技術が開発された。また，のちにテレビや今日の無線機器が誕生した。ヘルツはまた光電効果を発見した。この発見は，のちに量子レベルにおける物理を理解するきっかけになった。

マリー・キュリーとピエール・キュリー

生　年	（マリー）1867年11月7日，（ピエール）1859年5月15日
生誕地	（マリー）ポーランドのワルシャワ（当時ロシアの一部）
生誕地	（ピエール）フランスのパリ
没　年	（マリー）1934年7月4日，（ピエール）1906年4月19日
重要な業績	放射能研究の先駆者

　マリー・キュリーは国をもたないポーランド人として生まれた。彼女は，ポーランド語を話すだけで違法であった故郷での抑圧から逃れ，フランスに渡った。マリーはパリに行き，ソルボンヌ大学で二つの学位を取り，そこでピエールと出会った。当時ピエールはすでに「臨界温度を超えると磁石はその力を失う」という発見をしていた。ピエールはその名声がもっとも高かった時期に交通事故でこの世を去った。マリーは大学での彼のポストを継ぎ，フランスで女性初の物理学の教授になった。

マックス・プランク

生　年	1858年4月23日
生誕地	ドイツのキール
没　年	1947年10月4日
重要な業績	量子物理学の創始者

　マックス・プランクは，プロの音楽家になっていたかもしれない人物である。彼は科学者となってからも自作の曲で同僚を楽しませた。彼の教授，フィリップ・フォン・ジョリーに「物理学はほとんどのことが発見されてしまったから廃れていく。あとは残った穴を埋めるだけだ」といわれたが，プランクは20年以上も熱心に研究して偉大な業績をあげ，教授の言葉がまちがっていたことを証明した。プランクは生涯でたくさんの悲劇に見舞われた。最初の妻と二人の娘は若くして亡くなり，息子の一人はヒトラー政権を転覆させようとして処刑された。

アーネスト・ラザフォード

生　年	1871年8月30日
生誕地	ニュージーランドのスプリンググローブ
没　年	1937年10月19日
重要な業績	原子核の発見

　ニュージーランドの北島の貧しい農家に生まれたラザフォードは，カナダで研究の道を歩み始めた。しかし，彼の人生で最高の研究が行われた地は英国のマンチェスターとケンブリッジである。のちに男爵となった彼の名は原子物理学の初期の歴史のいたるところで登場することになる。彼の下で研究した有名な物理学者にはチャドウィック，ガイガー，ボーア，そしてハーンがいる。彼らはたびたびラザフォードの着想に導かれ，発見を成し遂げた。ラザフォードはロンドンのウェストミンスター寺院にあるニュートンの墓の近くに埋葬された。1997年，104番元素は彼をたたえてラザホージウムと名づけられた。

リーゼ・マイトナー

生 年	1878年11月7日
生誕地	オーストリアのウィーン
没 年	1968年10月27日
重要な業績	核分裂の共同発見者

核分裂の発見者としてドイツ人のオットー・ハーンを選んだノーベル賞委員会はハーンの同僚であるマイトナーを無視したが，それでも彼女はほかの方法で確実に歴史に名を残した。核分裂連鎖反応の破壊力の恐ろしさを示し，核分裂を利用した兵器を開発するマンハッタン計画を開始させたのは彼女とハーンの共同研究であった。ユダヤ人のマイトナーはナチスから逃れるためスウェーデンに避難した。その後，引退して英国に移るまでスウェーデンで研究を続けた。1997年に109番元素が彼女をたたえてマイトネリウムと名づけられた。

ニールス・ボーア

生 年	1885年10月7日
生誕地	デンマークのコペンハーゲン
没 年	1962年11月18日
重要な業績	量子論による原子模型

ニールス・ボーアの最初のポジションの一つは，コペンハーゲンのサッカーチーム，アカデミック・ボルドクラブのゴールキーパーであった。ボーアの研究のキャリアも同様に活気あふれたものだった。ボーアは28歳の誕生日を迎える前に量子物理の考えに沿って原子模型を再構築した。36歳までに彼は自分の名前を冠した物理研究所の所長になった。第二次世界大戦では，彼の行動によってたくさんのユダヤ系デンマーク人が助けられた。終戦後は，核技術を監視する国際原子力機関の創設に力をつくした。

アルベルト・アインシュタイン

生 年	1879年3月14日
生誕地	ドイツ，ヴュルテンベルク州のウルム
没 年	1955年4月18日
重要な業績	相対性理論を考案

アインシュタインは平均的な生徒だったとよくいわれている（彼の筆跡は確かにひどい）。しかし，彼は若いうちからすでに自分の研究を追い求めていた。彼の両親がイタリアで仕事を探すあいだ，まだ10代のアインシュタインは学業を修めるためミュンヘンに残された。彼が授業を熱心に聞かない

生徒であったのもうなずける。才能があるにもかかわらず学業成績が不振だったことは，初期の職探しに響いた。アインシュタインは1903年にスイスのベルンで特許事務員の職を得た。仕事が平穏であったため，彼は，のちに自らを一流の物理学者にのし上げる理論に取り組む時間を確保できた。

ジョルジュ・ルメートル

生 年	1894年7月17日
生誕地	ベルギーのシャルルロワ
没 年	1966年6月20日
重要な業績	初期のビッグバン理論を提唱

物理の殿堂において異色の人物であるジョルジュ・ルメートルは数学と物理を学ぶかたわら，カトリック司祭として聖職につく準備もしていた。ルメートルは，彼が「原始的原子」と説明する，膨張する宇宙とビッグバン理論の初期の提唱者であることから，この異色のキャリアはいっそう注目に値する。彼の直観的な理論は時代を先行しすぎており，証拠が追いつくまでには20年かかった。2005年に，ルメートルはテレビ投票で61人目の史上もっとも偉大なベルギー人に選ばれた。

エンリコ・フェルミ

生　年	1901年9月29日
生誕地	イタリアのローマ
没　年	1954年11月28日
重要な業績	核分裂連鎖反応を制御する方法を最初に確立

エンリコ・フェルミの科学の才能は悲劇から生まれた。彼の兄は若くして亡くなり，10代のエンリコは勉強に打ち込むことで悲しみを乗り越えようとした。24歳のときにフェルミはイタリアで最初の原子物理学の教授になった。それから10年もたたないうちに彼は無限の原子力の扉を開いた。1938年にノーベル賞を受け取りにスウェーデンに赴いたが，彼はローマには帰らなかった。ユダヤ人の妻のため，ファシズムに支配されていたヨーロッパよりも米国で核分裂の研究を続けるほうがよいと思ったのである。多くの同僚と同じくフェルミは放射能の危険を知らずにがんで死んだ。

ポール・ディラック

生　年	1902年8月8日
生誕地	英国のブリストル
没　年	1984年10月20日
重要な業績	反物質の存在を予想

戦後の窮乏している時期に成年に達した若いディラックは，ケンブリッジ大学に行く資金が足りなかった。そのため，彼は故郷の町で工学と数学の学位をとらなければならなかった。最終的に彼は故郷を離れて勉強するのに十分な奨学金を得て，5年もしないうちに「ディラック方程式」を発表した。この方程式によって量子物理学のたくさんの新しい分野が開かれた。ディラックの電子のふるまいを説明する方程式はアインシュタインの相対性理論と同じくらい重要な大発見であると見ている者もいる。

ヴェルナー・ハイゼンベルク

生　年	1901年12月5日
生誕地	ドイツのヴュルツブルグ
没　年	1976年2月1日
重要な業績	量子論の不確定性原理を提案

ヴェルナー・ハイゼンベルクはまちがいなく物理学の重要人物であり，彼の不確定性原理は量子力学の最初の教えの一つである。しかし，マンハッタン計画のナチス版，ウランクラブの主要人物であったこのドイツ人科学者をめぐっては論争がある。ドイツは必要なときに核兵器を開発する資源が不足していたが，ハイゼンベルクがゆっくりとしか開発が進まないようにわざとまちがえたという説もある。戦後，彼は平和利用目的の核技術開発に取り組み，マックス・プランク物理学研究所の所長にもなった。

ハンス・ベーテ

生　年	1906年7月2日
生誕地	フランス（当時はドイツ）のストラスブルク
没　年	2005年3月6日
重要な業績	星の元素合成

ハンス・ベーテは多くのユダヤ系ヨーロッパ人の一人として，ファシズムが蔓延していた1930年代に米国に移り，マンハッタン計画の理論部門の責任者になった。彼は核融合を利用した水素爆弾の開発にも携わった。彼の数多くの貢献のなかでも重要なものは，星の元素合成についての理論である。この理論は，星の内部で軽い元素がどのように融合して重い元素を作るかを示した。おかしなことに彼は，ビッグバン理論を生み出したアルファ・ベータ・ガンマ理論（アルファー・ベーテ・ガモフ論文）にまったく関係ない。ベーテという彼の名前は理論名の語呂あわせのために加えられただけであった。

リチャード・ファインマン

生 年	1918年5月11日
生誕地	米国のニューヨーク
没 年	1988年2月15日
重要な業績	量子電磁力学の主要人物

　輝く目をし，話術に優れたリチャード・ファインマンは，20世紀後半のもっとも有名な物理学者である。彼は素粒子物理学の多くの分野を牽引しただけでなく，キューバの打楽器であるボンゴの熱心な演奏者でもあった。2番目の妻はファインマンの異常なまでの物理への没頭ぶりに嫌気がさし離婚した。3番目の妻との結婚はうまくいった。ファインマンと彼の妻のグウェネスは冗談混じりにロシアのトゥヴァ共和国の首都クズル（Kyzyl）をその名前に母音がないという理由で訪問したいといっていたが，ファインマンはその地を訪れる前にがんで死去した。

マレー・ゲルマン

生 年	1929年9月15日
生誕地	米国のニューヨーク
没 年	―
重要な業績	クォーク模型の展開

　マレー・ゲルマンはイェール大学，マサチューセッツ工科大学，プリンストン高等研究所，カリフォルニア工科大学といった米国の一流大学で研究してきた。彼の物理学への貢献は，混沌として見えるハドロンにいくらかの秩序を与えたことである。ハドロンとは，陽子や中性子のような「大きな粒子」である。彼の理論は仏教の概念を拝借して「八道説」という。この説と日本人物理学者である西島和彦との共同研究によってクォーク模型が導き出された。ゲルマンは，生物学，経済学，言語学などを融合させた「複雑適応系」を研究するサンタフェ研究所の創立者の一人でもある。

ピーター・ヒッグス

生 年	1929年5月29日
生誕地	英国のニューカッスル・アポン・タイン
没 年	―
重要な業績	ヒッグス粒子を提案

　2012年に発見された物質に質量を与えるボソンとの関係で，ピーター・ヒッグスは世界的に有名になった。その粒子は以前は神の粒子といわれていたが，現在はヒッグスの名前がつけられている。もっとも，ほかの研究者の貢献を反映する名前にしようとする動きはある。ヒッグスは，ポール・ディラックが自分と同じ学校に通っていたことを知り，物理学の道に進もうと考えたといわれている。ヒッグスはキャリアの大半をエジンバラ大学で過ごし，その大学で1964年にヒッグスボソンの理論を提案した。一説によると，彼がこのアイデアを得たのは雨模様の週末にスコットランドの山にハイキングに行った後のことだったという。

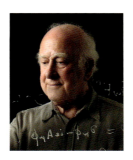

スティーヴン・ホーキング

生 年	1942年1月8日
生誕地	英国のオックスフォード
没 年	―
重要な業績	ブラックホールからの放射を発見

　自分で話すこともままならない神経疾患を患い，車いす生活を余儀なくされているが，スティーヴン・ホーキングはアルベルト・アインシュタインに匹敵するくらい科学の象徴となり，コンピュータを通じて話す天才として世界的に有名になった。1979年に彼はケンブリッジ大学数学分野のルーカス教授職に就いた。彼以前には，ニュートンとディラックがこの職に就いている。ホーキングの1988年の著書『ホーキング，宇宙を語る』は，歴史的なベストセラーとなった一般向け科学書の一つである。

監訳者あとがき

　本書は，古代文明に見られる天地創造の物語から最新の重力波の観測まで，歴史に残る物理の偉大な100の発見を，豊富な図版を用いてわかりやすく説明した科学啓蒙書である．これら100の発見の物語は人物を中心として生き生きと描かれ，エピソードを随所にちりばめるなど，読者を飽きさせない工夫がなされている．原著者のトム・ジャクソン氏は主な読者として自然科学に興味をもち始めた若い人を想定しているが，文系理系を問わず誰もが楽しめる物理の入門書になっている．また，多くの歴史的な実験器具の図版は，理科の先生の資料としてもおおいに役立つだろう．

　第一のエピソードに書かれているように，人類は文明の初期から世界や宇宙がどのようにできているかを考えてきた．巨大な象や亀で支えられた世界像は，量子力学と相対性理論を駆使してビッグバンから始まる宇宙創成のシナリオを作り上げた現代物理学の視点から見れば，ばかばかしく，こっけいですらある．しかし，当時の人類は，その時代に手に入れることのできる観察事実に基づいて一所懸命に考え，そのような世界像を真剣に作ったに違いない．

　世界や宇宙の姿を考察する一方，人類は昔から物質の根源は何かを考えてきた．古代ギリシアのデモクリトスは，すべての物質は原子という最小単位でできているというアイデアを提唱した．しかし，それはドルトンが実験事実に基づいて原子論を唱えるまで，2000年以上ものあいだ，単なるアイデアのままであった．現代では，走査型トンネル顕微鏡などによって原子を見ることができ，量子力学によって原子の構造が正確に表現されるようになっている．タイムマシンでデモクリトスを現在に連れてくることができたなら，原子という自分のアイデアがこれほどにも豊かになっていることに驚き，また喜ぶことだろう．

　一方，わたしたちがタイムマシンで現代の物理学の教科書を抱えてギリシア時代に行き，デモクリトスに会ったとしよう．わたしたちはデモクリトスに現代的な原子の描像を納得させることはできるだろうか．それはできない．なぜなら，その証拠を示すための実験装置が当時の技術では作れないからである．科学の進歩はその時代の技術力の限界によって制限されている．技術の発達がなければ科学は進歩しないし，逆に科学の進歩なしには技術は進まない．このことも本書の多くのエピソードが示している．

　翻訳中に，衝突するブラックホールからの重力波が検出され，原書に100番目の発見として新たに加えられた．検出された重力波は，あたかも水面に落ちた水滴が波紋を作りだすように，ブラックホールの作りだした時間と空間のひずみが波となって広がり，地球まで到達したものである．そのような時空のひずみは想像を絶するくらい小さいが，人類はそれを測定できるきわめて高度な技術力を手に入れたわけである．重力波が今後どのような新しい宇宙像をわたしたちに見せてくれるのか，興味はつきない．

　物理の歴史から偉大な100の発見を選ぶのは容易な作業ではないといえる．本書でも，シュレーディンガーの波動力学といった重大な業績が取り上げられていないことに不満がないわけではない．しかし，掲載されている100のどの発見も物理学の発展に重要な役割を果たしたことは確かである．

　1000年後の30世紀に，新たに「考える価値のある100の物理」という本が著されたとしても，本書の半分以上の項目はその歴史的重要性から再び取り上げられるだろう．一方，現在では想像もつかない，まったく新しい物理が数多く付け加わっているはずだ．そのなかに選ばれる偉大な発見が，本書の若い読者のなかから誕生することを心から願っている．

　最後になるが，たいへん丁寧な編集作業をしていただいた丸善出版（株）企画・編集部の熊谷 現氏に感謝したい．

2016年12月

新 田 英 雄

索 引

※特に詳しい解説が記載されているページは太字で示した。

■欧文

BICEP2　112
LHC　107, 111
LIGO　112
WIMPS　125
Wボソン　101
X線　**63**, 80
Zボソン　101

■あ行

アイオロスの球　14
アインシュタイン，アルベルト　47, **71**, 72, 82, 85, **133**
アヴェロエス　16, **127**
圧力　**22**, 27, 121
アブル＝バラカット　16
アリストテレス　10, 11, **126**
アリストテレスの運動理論　16, 21
アル＝ハイサム，イブン　15, 20, **127**
アル＝ビールーニー　16, **127**
アルキメディアン・スクリュー　**13**
アルキメデス　12, 14, **127**
アルキメデスの原理　**12**, 13
アルハゼン　15
アルファー，ラルフ　101
アルファ線　65
アルファ崩壊　104
泡箱　101
暗黒エネルギー　110, 124
暗黒物質　**92**, 125
アンダーソン，カール　91
アンペア　**45**
アンペール，アンドレ＝マリ　45

一元論者　8
一般相対性理論　**82**
イブン＝サフル　20
因果律　87
陰極線　63, 66
陰極線管　57
インペタス　**18**

ヴァン・デ・グラフ，ロバート　93
ヴァン・デ・グラフ起電機　**93**

ヴィラール，ポール　65
ウィルソン，チャールズ　77
宇宙線　**79**, 91, 94
宇宙のインフレーション　**112**
宇宙の膨張　110, 124
宇宙論　5
ウラストン，ウィリアム　48
ウラム，スタニスワフ　102
ウラン　64
ヴルフ，テオドール　79
運動の法則　**29**
運動量　18, **116**, 121

液体ヘリウム　78
エクゾチック粒子　95
エジソン，トーマス　58
エーテル　10, 11, **61**
エネルギー　50, 51, **52**, 71, **114**
　　――と質量の関係　97
エネルギー保存の法則　50
エルステッド，ハンス・クリスティアン　45
円周率　**12**
エントロピー　56, 123
エンペドクレス　10

オイラー，レオンハルト　44
大型ハドロン衝突型加速器（LHC）　107, 111
オッカムの剃刀　**17**
オットーサイクル　47
音　60, 118
オートマタ　14
オーム，ゲオルグ　46
オームの法則　46, **120**
オールト，ヤン　92
音響学　4
音速　60
温度　**32**
温度計　32
オンネス，ヘイケ・カーメルリング　78

■か行

ガイガー，ハンス　75, 87
ガイガー－ミュラー計数管　87
ガイガーカウンター　**87**

ガイスラー，ハインリヒ　56
ガイスラー管　56
拡散　**40**
核分裂　**96**
核融合　**102**
加速　**116**
加速器　**88**, 93
加速度　29, 121
可塑性　**44**
カメラ・オブスクラ　**15**
ガモフ，ジョージ　101
ガリレイ，ガリレオ　21, 24, **128**
ガルヴァーニ，ルイージ　38
カルノー，サディ　46
カルノーサイクル　46
カロリー　35
干渉　43, **119**
干渉縞　84
慣性　16, 29, 115
ガンマ線　65

気圧計　22
気体の法則　**26**
起電機　93
基本要素　10, 40
キャヴェンディッシュ，ヘンリー　36, **129**
逆2乗の法則　28
キュリー，ピエール　**70**, **132**
キュリー，マリー　65, **70**, **132**
ギリシア　14
霧箱　**77**
ギルバート，ウィリアム　19
キルヒホフ，グスタフ　54, 67

クォーク　**105**, 107
グース，アラン　112
屈折　**20**, 119
屈折率　20
クライスト，フォン　33
クラウジウス，ルドルフ　56
グリソゴノ，フェデリコ　18
グルーオン　105, 107
クルックス，ウィリアム　57
グレイ，ステファン　31
クーロン，シャルル・ド　36
クーロンの法則　36

ゲイ＝リュサックの法則　**27**
ゲーリケ，オットー・フォン　23, 31
ケルビン温度　53
ケルビン卿　**53**, **131**
ゲルマン，マレー　105, **135**
原子　**9**, 47, 74, **80**, 90
原子核　75, 80
原子核物理学　5
原子爆弾　97
原子番号　80
原子模型　75, 80
検出器　77, 101
原子論　9, 27, **40**
元素　10, 41
現代物理学　4, 5

光学　4, 30, 119
光子　71
構成要素　90
光線　**15**
光速　**53**, 72
光電効果　71
交流電流　58, 59
古典物理学　4
古典力学　4
コンデンサ　33

■さ行

サイクロトロン　88
佐藤勝彦　112

時間　123
磁気　19, 120
時空　73, 82, 113
仕事　46, 115, 121
仕事当量　51
磁石　19, 121
七賢人　**8**
質量　71, 111, **115**, **117**, 121
　　エネルギーと――の関係　97
磁場　**121**
シャルルの法則　**27**
シュヴァルツシルト，カール　109
周期表　80
重量　121
重力　28, 29, 36, 83,

106, 115, **116**, 117, 122
重力波 **112**
シュタルク効果 **84**
ジュール **51**
ジュール，ジェイムズ 51, **130**
ジュール−トムソン効果 **78**
シュレーディンガー，エルヴィン 87
シュレーディンガーの猫 **87**
蒸発熱 **34**
ジョリオ＝キュリー，フレデリック 97
シラード，レオ **97**
沈括 **19**
真空 23, 27
神話 **7**

水素爆弾 **102**
ステライルニュートリノ **125**
スネル，ヴィレブロルト **20**
スネルの法則 **20**
スパークチェンバー **101**
スピン **85**
スペクトル 30, 54, 81, 84, 92

正多面体 **10**
絶縁体 31, 120
絶対温度 **52**
節約の法則 **17**
ゼーベック，トマス **46**
潜熱 **34**

相対性理論 5, **108**, 113
　一般── **82**
　特殊── **72**
速度 **116**
ソディ，フレデリック **74**
素粒子 **105**
素粒子物理学 **5**

■た行
第五の元素 **10**, 11
ダークフロー **123**
ダークマター **92**
タレス 8, **126**
単振動 **24**
弾性 **44**

チェレンコフ，パーヴェル **94**
チェレンコフ放射 **94**, 104
力 **16**, **29**, 106, **115**, 121
地球の重さ **36**
蓄電器 **33**

チャドウィック，ジェイムズ **91**
中間子 95, 105
中性子 **90**
超音速 **60**
超新星 **110**
超新星爆発 **102**
潮汐 **18**
超対称性粒子 **108**
超伝導体 **78**
超流動 **96**
調和振動子 **25**
直流電流 **59**

ツビッキー，フリッツ **92**
強い力 95, 106, 115
ツワイク，ジョージ **105**

デイヴィー，ハンフリー **48**
抵抗 46, 78, 120
ディートリッヒ **17**
ディラック，ポール 88, **134**
ディラックの方程式 **88**
テクネチウム **89**
テスラ，ニコラ 58, **131**
テスラコイル **59**
デモクリトス 9, **126**
デュ・フェ，シャルル・フランソワ 32
テラー，エドワード **102**
電圧 **120**
電荷 32, **36**, 76
電気 31, 120
電気抵抗 **78**
電気モーター **48**
電子 66, **76**, 84
電磁気 **120**
電磁気学 4, **44**, 55
電子軌道 **81**
電磁気力 106, 115
電子顕微鏡 **90**
電磁波 **62**
電磁誘導 **48**, 59
天体物理学 **5**
電池 **39**
電波 62, 68
電流 **120**
電力 **120**

ド・ブロイ，ルイ **84**
統計力学 4, **57**
等時性 **24**
導体 31, 120
特殊相対性理論 71, **72**
時計 **24**

ドップラー，クリスチャン 49
ドップラー効果 **49**, 92
トムソン，ウィリアム **53**
トムソン，ジョージ **84**
トムソン，ジョゼフ・ジョン 66, **131**
トランジスタ **99**
トリチェリ，エヴァンジェリスタ 22
ドルトン，ジョン **130**
ドルトンの法則 **41**

■な行
波 **118**
　──と粒子の二重性 **84**
虹 **17**
二重スリット実験 **43**
ニュートリノ **104**, 107
ニュートン，アイザック **128**
ニュートンの法則 **28**

ねじりばかり **37**
熱 34, **51**
熱機関 **46**
熱電効果 **46**
熱放射 **67**
熱力学 4, **50**, 56
　──の第一法則 **50**
　──の第二法則 **56**
ネルンスト，ヴァルター **78**
燃焼 **35**
燃素 **34**

脳 **122**

■は行
ハイゼンベルク，ヴェルナー 86, **134**
排他原理 **84**, 85
パイ中間子 **95**
パウリ，ヴォルフガング **85**
パスカル，ブレーズ **23**
発電機 **49**
ハッブル，エドウィン 92, **100**
ハドロン **105**
速さ **116**, 121
バリオン **105**
ハーン，オットー **96**
半減期 **86**
反射 **119**
　──の法則 **20**
半導体 **99**

反物質 88, 91
万有引力の法則 **29**

火 **34**
光 30, **42**, 61, 118
ヒッグス，ピーター 111, **135**
ヒッグス粒子 **111**
ビッグバン **100**, 112, 124
比熱 **34**
ひも理論 **108**
ビュリダン，ジャン **18**
標準模型 **106**, 108, 111

ファインマン，リチャード 98, **135**
ファインマン・ダイアグラム **98**
ファラデー，マイケル 48, **130**
ファーレンハイト，ガブリエル・ダニエル **32**
フィゾー，イポリット **53**
フェルミ，エンリコ 96, **134**
フェルミオン 85, 107
不確定性原理 **86**, 109
復元力 **25**
フック，ロバート 25, **128**
フックの法則 **25**, 44
物質波 **84**
物性 **4**
物性物理学 **5**
ブドウパン模型 **74**
ブラウン，ロバート **47**
ブラウン運動 **47**, 71
フラウンホーファー，ヨーゼフ・フォン 54
ブラック，ジョセフ 34, **129**
ブラックホール 109, 113
プラトン 10, 11
プラムプディング模型 **74**
プランク，マックス 67, **132**
プランク単位 **67**
プランク定数 **67**
フランクリン，ベンジャミン 33, **129**
フランケンシュタイン **39**
振り子 **24**
プリュッカー，ユリウス **57**
浮力 **13**
『プリンキピア』 **28**
フレーバー **104**
フロギストン **34**

プロトン　*83*
分　圧　*40*
文　化　*6*
分　光　**54**
分　子　**41**
ブンゼン，ロベルト　*54*

ベクレル，アンリ　*64*
ヘス，ヴィクトール　*79*
ベータ線　*65*
ベータ崩壊　*104*
ベーテ，ハンス　*98,* **134**
ヘルツ，ハインリヒ　*62,* **132**
ベルヌーイ，ダニエル　*40*
ヘルムホルツ，ヘルマン・フォン　*52*
ヘロン　*14, 20, 32*
変圧器　*59*
ヘンリー，ジョゼフ　*48,* **130**

ボーア，ニールス　*80,* **133**
ホイヘンス，クリスティアーン　*24*
ボイル，ロバート　*26,* **128**
ボイルの法則　**27**
放射性原子　*86*
放射性元素　*65*
放射性崩壊　*74, 86, 104*
放射線　*65*
放射能　**64***, 70, 74*

放電箱　*101*
ホーキング，スティーヴン　*109,* **135**
ホーキング放射　*109*
ボース，サティエンドラ・ナート　*85*
ボソン　**85***, 107*
ボルタ，アレッサンドロ　*39,* **129**
ボルタ電堆　**39**
ボルツマン，ルートヴィヒ　*57*
ボルツマンの方程式　**57**

■ま行
マイケルソン，アルバート　*61*
マイトナー，リーゼ　*96,* **133**
マイヤー，ユリウス・ロベルト・フォン　*50*
マクスウェル，ジェイムズ・クラーク　*55, 62*
マクスウェルの方程式　**55**
マースデン，エドワード　*75*
マッハ，エルンスト　*60*
マルコーニ，グリエルモ　*68*
マンハッタン計画　*97*

ミリカン，ロバート　*76*
ミンコフスキー，ヘルマン　*72*

無線通信　**68**

メーザー　*103*
モーズリー，ヘンリー　*80*
モーリー，エドワード　*61*

■や行
ヤング，トマス　*43, 44*
ヤングの干渉実験　*43*

融解熱　*34*
湯川秀樹　*95*
油滴実験　*76*
ユーレカ　*12*

陽　子　*83*
陽電子　*91*
弱い力　*106, 115*
四大元素　*10*

■ら行
ライデン瓶　**32**
ラヴォワジエ，アントワーヌ　*35*
ラザフォード，アーネスト　*65, 74, 83,* **132**
ラジウム　*70*
ラジオ　**69**
羅針盤　*19*
落下の法則　**21**
ラプラス，ピエール＝シモン　*35, 109*

力　学　*16*
粒　子　*66, 105, 106, 108*
　波と――の二重性　*84*
量　子　*122*
量子色力学　*105*
量子数　*85*
量子電磁力学　**98**
量子物理学　*67*
量子力学　**5***, 86*
りん光　*64*

ルシュド，イブン　*16*
ルメートル，ジョルジュ　*100,* **133**

レウキッポス　**9**
レーザー　**103**
レーナルト，フィリップ　*63*
レプトン　**107**
レーマー，オーレ　*53*
連鎖反応　*97*
レンズ　*119*
レントゲン，ヴィルヘルム　*63,* **131**

ロモノーソフ，ミハイル　*35*
ローレンス，アーネスト　*88*

1969年 性子などの粒子がより小さなクォークから構成されることを提案。最初のひも理論が提案される。

1973年 物質と力を素粒子として示す標準模型が考案される。

1974年 スティーヴン・ホーキングがブラックホールでさえエネルギーを放射し、少しずつ質量を失うと説明。

1980年 アラン・グースと佐藤勝彦が独立に、初期の宇宙の膨張を説明するインフレーション理論を提案。

1986年 すべての粒子を統合しようと試みる超ひも理論が提案される。

1995年 クォーク6種のうちの最後のトップクォークが発見される。

最初のボース-アインシュタイン凝縮体が生成される。これは、物質が冷えすぎて量子効果が大規模に現れる現象である。

1998年 宇宙の膨張率の調査によって、宇宙は「暗黒エネルギー」という未知の力の影響を受けて加速的に膨張していることが判明する。

2001年 ニュートリノがあるフレーバーから別のフレーバーのあいだで振動することが発見される。

2004年 量子もつれの現象を利用して、原子の量子状態が初めて別の原子にテレポート(転送)させられる。

2012年 物質に質量を与える粒子であるヒッグス粒子が発見され、素粒子の標準模型の完成度が高くなる。

2016年 LIGOが互いを回る二つのブラックホールからの重力波を検出。重力波が新しい宇宙観測の手段となることに期待がかかる。

ヒッグス粒子

ニュートリノ

ブラックホール

1976年 超音速ジェット機コンコルドが飛行。

1981年 NASAのコロンビアが宇宙に初飛行し、最初の再使用できるスペースシャトルとなる。

1989年 ティム・バーナーズ=リーがワールド・ワイド・ウェブを開発。

1993年 ハッブル宇宙望遠鏡が地球の軌道上に打ち上げられる。

1997年 火星探査機が火星に着陸。

1998年 国際宇宙ステーションの組み立てが始まる。

2000年 ヒトゲノムが解読される。

2004年 インターネットのソーシャルネットワークサイトのフェイスブックが創設される。

2005年 新しい原油パイプラインによってカスピ海と地中海が結ばれる。

2009年 内科的な疾患に対する遺伝子治療の成功例が紹介される。

2010年 アップルのiPadが販売開始。iPadはノート型パソコンとiPhoneの中間の「タブレット型」のコンピュータである。

2011年 探査機メッセンジャーが水星の軌道にのる。

ケプラー宇宙望遠鏡が今までで一番地球に似た惑星のケプラー22bを発見する。

大手インターネット検索会社のグーグルがライバル社の特許を31415900000ドルで競り落とす。

探査機メッセンジャー

ヒトゲノム

クのワールドトレードセンターのツインタワーとワシントンDCのペンタゴンに激突。

2005年 英国でテロリストによるロンドン同時爆破事件が起きる。

ハリケーン・カトリーナによって米国ニューオーリンズが冠水。

2009年 バラク・オバマがアフリカ系アメリカ人として最初の米国大統領になる。

2011年 東日本大震災により日本で約1万6000人の命が奪われる。福島第一原子力発電所が危機的状況に陥る。

英国のウィリアム王子とキャサリン・ミドルトンのロイヤル・ウェディング。世界中でおよそ20億人が視聴。

2012年 世界で一番高い塔、東京スカイツリーがオープン。

英国の女王エリザベス2世の即位60周年記念式典。

2013年 ローマ法王ベネディクト16世が辞任。法王が辞任するのは1415年以来初めて。フランシスコ法王が南米出身者で初めて法王位を継承。

ボストンマラソンにて爆弾テロが起き、三人が犠牲となる。

ボストンマラソンでの爆弾テロ

エリザベス2世の即位60周年記念式典

物理の歴史年表 ＊ (8) 141

1909年 ロバート・ミリカンが油滴実験によって電子の電荷を測定。

1911年 ヘイケ・カーメルリング・オンネスが2.2ケルビンまで冷やされた水銀に超伝導を発見。

1912年 ヴィクトール・ヘスが宇宙線の証拠を見つける。

1913年 ニールス・ボーアが原子構造の量子化された軌道を示す原子模型を提案。

1916年 アインシュタインが一般相対性理論を発表し、相対性理論を完成させる。

1917年 陽子が発見される。

1924年 宇宙の力を媒介するボソンの概念が提案される。

1925年 ヴォルフガング・パウリが量子物理学の土台となる排他原理を提案。

1926年 エルヴィン・シュレーディンガーが電子の波動方程式を提案。

1927年 ヴェルナー・ハイゼンベルクが不確定性原理を公式化。この原理は量子物理学のもう一つの中心的教義である。

1928年 ポール・ディラックが相対論的電子に関する方程式を提案。

1932年 中性子と陽電子（ポジトロン）が発見される。

1938年 フリッツ・ツビッキーが暗黒物質の存在を提案。

極度の低温で超流動が発見される。

1939年 核分裂連鎖反応の可能性が発見される。

1947年 トランジスタが発明される。

1948年 リチャード・ファインマンらが量子電磁力学の分野を発展させる。

初期のビッグバン理論がアルファ・ベータ・ガンマ理論のなかで提案される。

1953年 レーザーの初期形態であるメーザーが発明される。

1962年 ニュートリノにいくつかの形態（フレーバー）が存在することが判明。

1964年 マレー・ゲルマンとゲオルグ・ツヴァイクが陽子や中

最初のトランジスタ

ポール・ディラック

ロバート・ミリカン

もない空間で占められていることが示される。

1913年 哲学者であり数学者であるバートランド・ラッセルが数学を論理学に帰着させる。

1926年 ロバート・ゴダードが最初の液体燃料ロケットを打ち上げ、宇宙旅行がより現実的になる。

1926年 ジョン・ロージー・ベアードがテレビを発明する。

1928年 アレクサンダー・フレミングが抗生物質のペニシリンを発見する。

1930年 クライド・トンボーが冥王星を発見。冥王星は9番目の惑星に指定される。

1936年 アラン・チューリングがアルゴリズムによって作動する仮想的な機械を提案。

1941年 重水素をウランに照射しプルトニウムが作られる。

1942年 ヴェルナー・フォン・ブラウンが初の弾道飛行を実現するV2ロケットを製作。

1953年 フランシス・クリックとジェイムズ・ワトソンがDNA（デオキシリボ核酸）の構造を解明。

1961年 ユーリー・ガガーリンが初めて宇宙に行く。

1969年 アポロ2号が月面着陸。ニール・アームストロングは月面を歩いた最初の人物になる。

ヴェルナー・フォン・ブラウン

アレクサンダー・フレミング

ロバート・ゴダード

1929年 オスカー賞が初めて授与される。米国の株式市場の暴落により世界恐慌が起きる。

ツタンカーメンの墓を発見。

1939〜45年 第二次世界大戦。

1948年 マハトマ・ガンディーがインドで暗殺される。

1950〜53年 朝鮮戦争。

1957年 スエズ運河開通。

1961年 ベルリンの壁が建設される。

1965〜73年 ベトナム戦争。

1979〜89年 ロシアがアフガニスタンを侵攻。

1981年 エイズの症例が報告される。

1989〜90年 ベルリンの壁が壊され、ドイツが統一される。

1990年代初期 レイブ・ムーブメントが最盛期を迎える。

1994年 英仏海峡トンネルが開通し、英国とフランスが結ばれる。

ネルソン・マンデラが南アフリカ初の全人種参加選挙で大統領に選ばれる。

1997年 鳥インフルエンザが世界的パニックを引き起こす。

2001年 『9.11』―テロリストにハイジャックされた飛行機が、ニューヨーク

テロリストに激突されたツインタワー

マハトマ・ガンディー

第二次世界大戦時のノルマンディー上陸作戦

物理の歴史年表

1861年 グスタフ・キルヒホフとロベルト・ブンゼンが分光学的方法を使って発する光から化学元素を特定する。

1865年 ルドルフ・クラウジウスが熱力学第二法則のなかでエントロピーの概念を提案。その概念では、系は低エントロピーから高エントロピーに移行する。たとえば、熱いものは冷たいものに熱を移行させる。

1886年 ニコラ・テスラが現在の配電網に使われる交流方式を開発。

1887年 エルンスト・マッハがどのように物体が音より速く進むことができるかを示す。

1895年 ヴィルヘルム・レントゲンがX線を発見。

1896年 アンリ・ベクレルが放射線を発見。

1897年 ジョゼフ・ジョン・トムソン（J・J・トムソン）が電子を発見。

1900年 マックス・プランクが放射のエネルギーと振動数を関係づける定数を導入。

1901年 グリエルモ・マルコーニが大西洋を超えて無線信号を送信。

1903年 マリー・キュリーとピエール・キュリーが放射性物質を研究し、二つの元素を発見。

1905年 アルベルト・アインシュタインの「驚異の年」。光電効果、ブラウン運動、特殊相対性理論に関する論文を発表。

1907年 ガイガー-マースデンの実験によって原子核が正に帯電していることが判明。

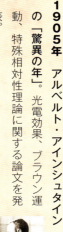
マリー・キュリーとピエール・キュリー

グリエルモ・マルコーニ

音速の壁を破る

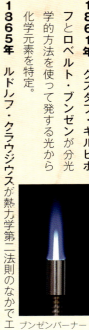
ブンゼンバーナー

1869年 ドミトリー・メンデレーエフが原子量と原子価に基づいて元素を並べた周期表を提案。

1876年 アレクサンダー・グラハム・ベルが電話を発明。

1877〜83年 トーマス・エジソンが蓄音機と電球を開発。

1895年 ルイ・リュミエールの映像撮影機によって映画産業が興る。

1898年 イワン・ペトローヴィチ・パブロフが犬の条件反射の研究を始める。

1900年 ダーフィト・ヒルベルトが次世紀をかけて解くべき23の数学の問題を発表。

1901年 最初のノーベル賞が授けられる。

1903年 ライト兄弟が最初の動力飛行を行う。

1904年 ティーバッグがニューヨーカーのトーマス・サリバンによって販売される。

1908年 T型フォードの自動車がヘンリー・フォードによって導入される。

1911年 アーネスト・ラザフォード、ハンス・ガイガー、アーネスト・マースデンによって原子には正に帯電した原子核が中央にあるが、原子のほとんどは何もないことが判明。

T型フォード

ライト兄弟

トーマス・エジソン

1871年 ドイツの国々が統一される。

1877年 最初のテニスのトーナメント試合が英国ロンドンのウィンブルドンで開催される。

1891年 バスケットボールが考案される。

1893年 ニュージーランドが女性に参政権を認めた最初の国となる。

1896年 近代の初めてのオリンピックがギリシャで開催される。

1909〜12年 ジュ・ブラックがキュビズムと呼ばれる芸術様式を発展させる。

1911年 最初のハリウッドの映画スタジオがオープン。

1911〜12年 辛亥革命により数千年続いた中国王朝が終焉を迎え、共和制国家が誕生する。

1912年 タイタニック号が大西洋で氷山にぶつかり沈没。

1914年 パナマ運河が開通。

1914〜18年 第一次世界大戦。

1917年 ロシア革命。

1918〜19年 スペイン風邪が世界的に大流行し、2千万人が死亡。

1920年代〜30年代 ドイツのワイマールでヴァルター・グロピウスがバウハウスと呼ばれる芸術・建築様式を新たに確立。

1922年 ハワード・カーターがエジプトで

パブロ・ピカソ

辛亥革命期の民主主義者の兵士

1801年 ジョン・ドルトンが古代の原子論を復活させ、化合物は特定のパターンでつながり合う原子から構成されると提案。

トマス・ヤングが、回折光の干渉縞によって光が波のようにふるまうことを証明。

1807年 ガス灯が英国の通りに導入される。

1813年 ヨンス・ヤーコブ・ベルセーリウスが化学結合の理論を提案。

1820年 ハンス・エルステッドが電流と磁場との関係に気づく。アンドレ＝マリ・アンペールがこの発見を利用して「電磁気学」という物理学の新しい分野を創設。

1820年代 写真処理技術が開発される。

1821年 トマス・ヨハン・ゼーベックが熱電効果を発見。

1823年 チャールズ・バベッジが階差機関と名づけた最初の機械式計算機を設計。

1824年 ニコラ・レオナール・サディ・カルノーがカルノーサイクルを考案。これは、熱エネルギーがどのように仕事（運動）に変換されるかを分析した仮想的な仕組みである。

1825年 最初の公共の鉄道が英国で開通。

1827年 植物学者のロバート・ブラウンが顕微鏡スケールでの規則性のない動きに気づく。このブラウン運動は、のちに原子の運動によるものであることがわかる。

1829年 新しい非ユークリッド幾何学が二人のヨーロッパの数学者によって発見される。

1831年 マイケル・ファラデーが磁場を通る電流は力を生じることを示す。また、磁場で導体を動かすと電流が誘導されることも示した。

アンドレ＝マリ・アンペール

ファラデーの実験室

1837年 ルイ・ブライユが音楽と数学の記号を加えて点字を完成させる。

ミシンが発明される。

1842年 クリスチャン・ドップラーがドップラー効果を発表。ドップラー効果では、波の発生源と観察者の相対的な運動によって波が圧縮されるかまたは引き伸ばされる。

ユリウス・フォン・マイヤーが熱力学第一法則を提案。この法則では、エネルギーはいつも保存され、生成も消滅もしない。

1843年 ジェイムズ・プレスコット・ジュールが熱の仕事当量を計算。

1844年 モールスが最初の電報を送る。

1845年 輪ゴムがロンドンのスティーヴン・ペリーによって開発される。

1848年 ウィリアム・トムソン（のちのケルビン卿）が0ケルビン（絶対零度）で始まるケルビン温度目盛りを提案。

1849年 アルマン・フィゾーが光の速さを測定。

ジェイムズ・ジュールが用いた器具

チャールズ・バベッジの階差機関

1850年 最初の海底ケーブルが英国・フランス間に敷設される。

1851年 フーコーの振り子によって地球が実際に自転していることが証明される。

ロンドンのハイドパークにある水晶宮で大博覧会が開催される。水晶宮は後にロンドン南部に移されたが、1936年に火事で焼失した。

1855年 ヘンリー・ベッセマーが溶鉱炉を開発して、鋼の生産に貢献。

1859年 チャールズ・ダーウィンが『種の起源』を出版し、進化論を導入。

内燃機関が発明される。

1864年 ルイ・パスツールが低温殺菌法を発見。これは牛乳のような液体の保存に役立つ。

1865年 イェール大学が米国で最初の芸術

1866年 アルフレッド・ノーベルがダイナマ

チャールズ・ダーウィン

1807年 英国が奴隷貿易を禁止。

1808年 半島戦争のあいだ、新聞社が最初の『従軍記者』を派遣。

1815年 ワーテルローの戦い。ナポレオン・ボナパルトがフランス皇帝になり、ヨーロッパ征服に乗り出す。

がついに英国に敗れる。

1818年 メアリー・シェリーが『フランケンシュタイン』を出版。これは世界初のSF小説と考えられている。

1823年 メキシコが共和制国家になる。

1837年 英国のビクトリア女王が王位継承。

1840年 郵便切手が英国で導入される。

1848年 カール・マルクスとフリードリヒ・エンゲルスが『共産党宣言』を出版。

1850年 世界の人口が約11億人になる。

1861年 分裂していたイタリアが一つの国に統一される。

水晶宮

カール・マルクス　ビクトリア女王

144(5) ★ 物理の歴史年表

1687年 アイザック・ニュートンが『プリンキピア』を出版。このなかには彼の「運動の法則」と「万有引力の法則」が掲載されている。

1704年 ニュートンがホイヘンスの理論と対立する「光の粒子説」を提唱。

1714年 ガブリエル・ダニエル・ファーレンハイトが温度目盛りを考案。

1730年 ステファン・グレイが静電気を使った「飛ぶ少年」の実験を行う。この実験で電荷はある種の物体を通って移動（伝導）するが、別の物体では移動しないことがわかった。

1745年 ピーター・ヴァン・マッシェンブレーケがライデン瓶を開発。これは電荷を貯蔵できる初期の蓄電器である。

1762年 ジョゼフ・ブラックが潜熱を発見。これは物質が固体、液体または気体の状態から別の状態に変化するときに取り込まれたり放出されたりする隠れたエネルギーのことである。

1771年 ルイージ・ガルヴァーニが、生きている組織が電気を運ぶことを発見。

1780年 アントワーヌ・ラヴォワジエとピエール゠シモン・ラプラスが熱は測定できる物質であると提案し、カロリックと名づける。また、熱量計を作ってどれだけの熱が物質内にあるかを測定する。

1785年 シャルル・オーギュスタン・ド・クーロンが電気力は電荷に比例し、また、帯電した物質間の距離の2乗に反比例することを発見。彼の発見は今ではクーロンの法則として知られている。

1798年 ヘンリー・キャヴェンディッシュが巨大なねじりばかりを製作して地球の密度を測定。

1800年 アレッサンドロ・ボルタが最初の電池であるボルタ電堆を公開。

アレッサンドロ・ボルタ

ライデン瓶

クリスティアーン・ホイヘンス

し、微生物学と細菌学の基礎を築く。

1675年 ゴットフリート・ヴィルヘルム・ライプニツが微積分法を導入。

1701年 ジェスロ・タルが種まき機を発明し、農業革命の素地を作る。

1705年 エドモンド・ハレーが今では彼の名がついた彗星の軌道周期を計算する。ハレー彗星は彼の予測どおりにやってくる。

1729年 ニュートンの『プリンキピア』が英語に訳される。

1735年 カール・フォン・リンネ（ラテン語名：カルロス・リンネウス）が属名と種名を使って初めて全生物を対象にした分類法を導入。

1750年代 産業革命が英国で始まる。

1752年 ベンジャミン・フランクリンがはげしい雷雨のなか、たこを揚げ、避雷針を発明。

1757年 六分儀が経度を計算する最新の航海道具として発明される。

1764年 ジェイムズ・ワットが蒸気機関を発明。

1789年 アントワーヌ・ラヴォワジエらが化学元素の命名法を提案。

1796年 エドワード・ジェンナーが初めて天然痘に対するワクチン接種を行う。

1798年 リトグラフがドイツ人のアロイス・ゼーネフェルが発明。

エドワード・ジェンナー

ジェイムズ・ワット

アイザック・ニュートン

アントニー・ファン・レーウェンフック

火。プディング・レーンから出火した火は4日間にわたり燃え続け中世都市ロンドンの家々を推定70万戸焼きつくした。

1680年 飛べない鳥ドードーが絶滅。

1707年 イングランドとスコットランドがグレート・ブリテンの名の下に正式に統合される。

1749~1832年 ドイツの作家ヨハン・ヴォルフガング・フォン・ゲーテの生涯。

1750~1820年 ヨーロッパの古典派音楽が発達。当時の偉大な作曲家には、ハイドン、モーツァルト、ベートーヴェンなどがいる。

1755年 ポルトガルのリスボンで起きた地震で3万人が死亡。

1767年 ジェイムズ・クック船長がオーストラリアを探検。

1768年 英国王ジョージ3世がロンドンにロイヤル・アカデミー・オブ・アーツを創立。

1775~83年 米国独立戦争。

1789年 フランス革命によってアンシャン・レジーム（旧体制）が終焉を迎え、共和制が始まる。

1801年 ユニオン・ジャックが公式な英国国旗に採用される。

1804年 ナポレ

ナポレオン・ボナパルト

リスボン地震

モーツァルト

1581年 ガリレオ・ガリレイが振り子の周期（揺れの時間）はあまり大きな揺れでなければどんな揺れ幅でも同じであることを発見。

1600年 ウィリアム・ギルバートが地球は巨大な磁石であり、コンパスのようなほかの磁性をもつ物体を地球の極に引き寄せることを証明。

であるという何世紀も信じられてきた「天動説」を覆す。

1621年 ヴィレブロルト・スネルが、光が異なる媒質を通るときに屈折する角度についての法則を考案。

1638年 ガリレオの『落下の法則』が出版される。落下する物体が進む距離は運動に費やした時間の2乗に比例すると述べる。

1644年 エヴァンジェリスタ・トリチェリが大気圧を測定する水銀気圧計を作製。

1650年 オットー・フォン・ゲーリケが自作の真空ポンプを公開。

1660年 ロバート・フックが今ではフックの法則として知られる弾性の法則を公表。この法則は、物体の伸びと物体を引っ張る力との関係を示す。

1662年 ロバート・ボイルとドニ・パパンが空気ポンプを使って気体を研究し、気体の圧力はその体積に反比例するという最初の気体の法則（ボイルの法則）を公式化。それから150年のあいだに新たに二つの気体の法則が確立される。

1663年 オットー・フォン・ゲーリケが硫黄球起電機を発明。これは手で硫黄球を回転させたときに電荷を集める静電気発電機である。

1678年 クリスティアーン・ホ

ニコラウス・コペルニクス

ウィリアム・ギルバートの図

ダイヤモンドの輝きは光の反射と屈折によりもたらされる

ロバート・ボイルとドニ・パパン

トリチェリの水銀気圧計

1492年 クリストファー・コロンブスが大西洋を渡る。ヨーロッパ諸国によるカリブ海と南北アメリカ大陸の植民地化が始まる。

1526年 チンギス・ハーンの子孫、バーブルがインドにムガール帝国を建国。

1564～1616年 英国の劇作家、ウィリアム・シェイクスピアの生涯。

ンス期の芸術家かつ発明家であるレオナルド・ダ・ヴィンチの生涯。

1581年 非線形方程式が導入される。

1610年 望遠鏡を使った最初の天体観測がガリレオ・ガリレイによって報告される。

1614年 ジョン・ネイピアが複雑なかけ算と割り算を簡単な足し算と引き算にする対数を開発。ヨハネス・ケプラーが天体の運動に関する3法則を公式化。

1622年 計算尺が英国人ウィリアム・オートレッドによって発明される。

1642年 ブレーズ・パスカルが19歳の若さで機械計算機を発明。

1650～1700年 知的成長の時代であるヨーロッパの啓蒙時代が始まる。

1654年 パスカルとフェルマーが数学の確率を使って未来を予測しゲームで勝つ方法を見つけようとする。

1660年 王立協会がロンドンで創立される。

1660年 ロバート・ボイルが『懐疑的化学者』を出版。これは、錬金術が化学になった転機となる。

1670年 分針が時計に導入される。

1674年 アントニー・ファン・レーウェンフックが自作のレンズを使って微生物を発見

パスカルの計算機

ガリレオ・ガリレイ

レオナルドのノートの1ページ

サーが『カンタベリー物語』を執筆。これは英語で書かれた最初の詩の本である。

1603年 日本で徳川幕府が開く。

1620年 ピルグリム・ファーザーズが英国を出て米国に渡る。

1638年 英国で拷問が禁止される。

1640年 ポルトガルが独立国家になる。

1648年 オランダのデルフト陶器が流行。

1650年 世界の人口が約5億人になる。

1661年 2年間の干ばつの後、インドで大飢饉が起こる。

1661年 宣教師ジョージ・フォックスの信奉者がクエーカー教徒と呼ばれるようになる。

1666年 ロンドン大

ロンドン大火

デルフト陶器

ピルグリム・ファーザーズ

ウィリアム・シェイクスピア

- 紀元前200年頃　元素クロムが金属製の武器を硬くするために使われる。
- 紀元前120年　ヒッパルコスが天空を経度と緯度に分ける。また、地球が自転する際に地球の軸がふらつく、いわゆる歳差運動を起こすことも示す。
- 紀元前90～20年　ローマの技術者ウィトルウィウスの生涯。建築についての本を10冊執筆。

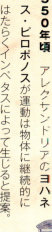
ウィトルウィウスの『建築について』

- 西暦30年頃　イエス・キリストが十字架刑に処せられる。
- 79年　ヴェスヴィオ山が噴火し、ローマ帝国の都市ポンペイとヘルクラネウムが灰で埋まる。
- 122年頃　ローマ人がハドリアヌスの長城を英国北部に建設。
- 129年～216年　ギリシアの医者ガレノスが解剖と医学的実験を最初に行う。
- 西暦83～161年　古代ギリシアの最後の天文学者プトレマイオスが太陽系の動きを初めて数学的に説明。
- 250年　南米でマヤ文明の黄金時代が始まる。
- 330年　ローマ帝国のコンスタンティヌス帝がビザンチウムを首都にし、名をコンスタンティノープルに改名。
- 499年　インド人数学者のアリヤバータが三角法やゼロの概念、位取り記数法を発展させる。
- 690～691年　イスラム世界最古の巨大建築、岩のドームがエルサレムで建設される。

岩のドーム

- 83年頃　中国人が磁鉄鉱と針で作られたコンパスを使い始める。以前は占い師が磁鉄鉱を易断に継続的に使用していた。
- 550年頃　アレクサンドリアのヨハネス・ピロポノスが運動は物体に継続的にはたらくインペタスによって生じると提案。
- 1000年頃　アラブ人科学者のイブン・アル＝ハイサム（別名アルハゼン）は光学の研究に取り組み、目に見える光景は物体から届く光によって形成され、目のなかから出る光線の反射ではないことを証明。
- 1121年　ペルシア（現在のトルクメニスタン）のメルヴのアル＝カジニが重力は地球の中心に向かってはたらくと提案。
- 1150年頃　アヴェロエスが力を物体の運動を変化させる仕事の率として定義。そのような変化に対する抵抗についての彼の考えは慣性の法則につながる。

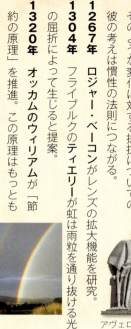
アヴェロエス

- 1088年　沈括が『夢渓筆談』を執筆し、そのなかで磁気コンパスや移動可能な活字などの知識を解説。
- 1202年　レオナルド・フィボナッチがアラビア数字や小数位、ゼロの概念をヨーロッパに導入。

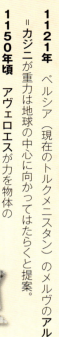
レオナルド・フィボナッチ

- 1147年　ロシアの町モスクワについて最初の記録が見られる。
- 1206年　チンギス・ハーンがモンゴル帝国を建国。絶頂期の領土は中央ヨーロッパから中国に及ぶ。

チンギス・ハーン

- 900年頃　ポリネシア人がニュージーランドに到着する。
- 1267年　ロジャー・ベーコンがレンズの拡大機能を研究。
- 1304年　フライブルクのティエリーが虹は雨粒を通り抜ける光の屈折によって生じると提案。

虹

- 1320年　オッカムのウィリアムが「節約の原理」を推進。この原理はもっとも単純な説明がもっとも正しい可能性が高いという考え方として知られている。
- 1350年　ジャン・ビュリダンが減速はインペタスが消え去ったため生じるのではなく妨害によって生じると提案。この原理はそれ以来「オッカムの剃刀（かみそり）」として知られている。
- 1440年　ニコラウス・クサヌスが地球は完全な状態であるという古典的概念を否定し、代わりに地球は動いていると提案。
- 1528年　ザダル（現在のクロアチアにある都市）のグリソゴネが、潮の満ち引きは月の磁石のような引力によって生じると提案。
- 1543年　ニコラウス・コペルニクスが地球は太陽のまわりを回る天体であるという「太陽中心説」を提案し、地球は宇宙の中心ではないと提案。
- 1440年　ヨハネス・グーテンベルグがヨーロッパで印刷機を発明。

グーテンベルグの作業場

- 1452～1519年　ルネサンス
- コジモ・デ・メディチがイタリアのフローレンスでプラトンの古代ギリシアの学校をもとにしたアカデミーを創設。
- 1348～50年　腺ペストの大流行である黒死病によってヨーロッパで7500万人が死亡。社会の様相が一変する。

黒死病

- 1387～00年　英国のジョフリー・チョー

物理の歴史年表

物理

紀元前585年頃 ミレトスのタレスが宇宙は水の異なる形態から構成されると提案。あわせて磁石の性質と静電気も研究。彼は自然現象について神秘的でなく科学的な説明を追求した最初の哲学者のうちの一人である。

紀元前500世紀 ピタゴラス学派の哲学者らが地球は球状であると提案。

紀元前460年代 古代世界のいたるところで思想家が世界はいくつかの基本物質で成り立っていると考える。エムペドクレスが提唱した古代ギリシアの考えでは、土、火、水、空気の四元素が存在する。

紀元前445年頃 ミレトスのレウキッポスが宇宙はばれる分割できない単位から構成されると提案。弟子のデモクリトスがこの原子論を発展させる。

紀元前334年頃 アリストテレスが重い物体は軽い物体より速く落下すると述べる。

紀元前325年頃 ギリシア人探検家のピュテアスが潮の満ち引きは月の動きによって生じることを示唆。

紀元前250年 中国人の哲学者らが物体は一定速度で落下すると記す。

紀元前240年頃 アルキメデスが物体はなぜ浮き沈みするのかを説明し、流体静力学の原理を発展させる。

西暦50年頃 アレクサンドリアのヘロンが、熱された気体の膨張を運動に変換す

アルキメデス

ミレトスのタレス

アリストテレス

ユークリッド

紀元前350年 アリストテレスが五番目の元素、エーテルを古典的な四元素に加える。彼はエーテルが地球の上にある宇宙を満たしていると考える。

紀元前300年 ユークリッドが当時の数学知識の概論である『原論』を出版。

紀元前270年頃 アリスタルコスがプラトンの地球中心の宇宙モデルに反対する。そして太陽が太陽系の中心にあるとする太陽中心説を提案するが、彼の宇宙観は

科学とイノベーション

紀元前600年 この頃までに約400年間中国人は筆記具を使用していた。また、この頃までに約300年間インド人数学者はゼロの概念を含んだ数字を使っていた。

紀元前600年頃 ヘロドトスによると、フェニキア人が初めてアフリカ大陸を周航した。

紀元前450年 古代アテネの芸術家と建築家が黄金比を作品のなかに取り入れる。

紀元前400年~紀元前340年 中国人の天文学者の甘徳と石申が知られているもので最古の星表を作成し、100を超える星座を記録。

インドで降雨量の測定値が記録される。

世界の出来事

紀元前563〜483年頃 仏教の創始者、インドの王子ゴータマ・シッダールタの生涯。

紀元前429年 ギリシアのアテネでアクロポリスの神殿群が完成。

紀元前400年頃 南北アメリカ大陸でマヤ文明とサポテク族の社会が繁栄。

紀元前387年頃 哲学者のプラトンがアテネでアカデメイアを創設。

紀元前332年 アレクサンドロス大王がエジプトの港町アレクサンドリアを建設。

紀元前215年 中国の万里の長城が長さ2253キロメートルに達する。

紀元前140年頃 ギリシア彫刻のミロのヴィーナスが製作される。

紀元前71年 剣闘士のスパルタクスが奴隷を

プラトン

万里の長城

アクロポリス

図の出典

本文

Alamy/19th era 2 i background; The Bridgeman Art Library Ltd. 130 bottom right; Mary Evans Picture Library 132 top left; Craig Hiller 77 top left; imagebroker 81 bottom right; INTERFOTO ii center left, 22 right, 46 bottom left, 62; ITAR-TASS Photo Agency 135 top right; Gordon Langsbury 117 top left; MLaoPeople 116 center left; North Wind Picture Archives 64 bottom left, 66 bottom left; PHOTOTAKE Inc. 3 bottom, 78; Pictorial Press Ltd. 69 bottom right; The Print Collector 69 top left; Randsc 104 bottom right; sciencephotos 42 bottom, 77 bottom right; World History Archive 1 left, 12 top right, 25 bottom left, 31, 71 bottom right. **American Physical Society** 101 top left. **© CERN**/95 bottom, 106; Maximilien Brice 111 bottom; Claudia Marcelloni 107, 111 top right, 135 bottom left. **Corbis**/96 bottom left, 102 bottom left, 133 top left, 134 bottom right; Roger Antrobus 127 bottom right; Bettmann 1 center right, 16 bottom left, 29, 36, 38 bottom, 74, 80, 86, 88, 92 bottom right, 93, 95 top right, 133 bottom right, Endpapers; Stefano Bianchetti 70 bottom left; DK Limited ii bottom left, 4 bottom left, 41 bottom right, 46 top right, 48 bottom right, 87 bottom right, 90 bottom right; Kevin Fleming 98 bl, 101 bottom right; Shelley Gazin 135 top left; Hulton-Deutsch Collection 68 bottom, 89; David Lees 22 bottom left; Ocean 59; Science Photo Library/Mehau Kulyk 125 top right; Sygma/Bureau L.A. Collection 39 top right; Tarker 45 top right; Underwood & Underwood 132 top right; Michael S. Yamashita 109 top left, 135 bottom right. **Dreamstime.com**/Empire331 44; Nickolayv 11 top center; Leon Rafael 20; Nico Smit 17; R.N. Whalley 18 bottom; Wollertz 127 bottom left. **Edgar Fahs Smith Image Collection, Rare Book and Manuscript Library, University of Pennsylvania** 40 bottom left, 41 top right, 48 top left, 54 center right, 56 top left, 83 bottom right, 129 bottom left, 130 top left, 130 bottom left, 131 top right, 131 bottom right, 132 bottom left, 133 top right, 134 top left. **Mary Evans Picture Library**/7 top right, 8 left, 8 bottom right, 26 top right, 45 bottom left, 65, 84 center right; Alinari Archives/Bruni Archive 97 bottom; Iberfoto/Fonollosa 126 bottom left; Imagno 134 bottom left; INTERFOTO/Sammlung Rauch 64 top right; SZ Photo 76, 134 top right. **from Harper's New Monthly Magazine, No. 231, August 1869**/51 Ivan Kuzmich Federov, *Portrait of Mikhail Lomonosov*, **1844** 35 top right. **Image courtesy of the History of Science Collections, University of Oklahoma Libraries** 4 top, 15 top right, 19 top right, 23 bottom right, 26 bottom left, 26 bottom center, 28 top right, 28 bottom left, 30 center left, 35 bottom left, 50 bottom left, 55, 126 top right, 128 top, 128 bottom left, 128 bottom right. **iStockphoto.com**/John Butterfield 24 bottom left; Elemental Imaging 54 left; Hulton Archive 13 bottom left; Denis Kozlenko 37 bottom left, 129 top right. **Alfred Leitner** 96 top right. **Library of Congress, Washington, D.C.**/2 bottom left, 16 top right, 38 center left, 41 bottom center, 52 top right, 53, 63 center left, 79; Brady-Handy Photograph Collection 130 top right; George Grantham Bain Collection 58 top left, 67, 131 top right, 131 bottom right, 132 bottom right; Joseph-Siffrese Duplessis 129 top left; Henry S. Sadd 33 bottom left; Jack Orren Turner 133 bottom right; Doris Ullmann 82 top right. **Albert Abraham Michelson** 61 center left. **NASA**/AMES Research Center 125 bottom left; ESA and the Hubble Heritage Team (STScI/AURA) 82 bottom, 92 center left; ESA and Felix Mirabel (French Atomic Energy Commission and Institute for Astronomy and Space Physics/Conicet of Argentina) 109 bottom right; Johnson Space Center 71 center left; Ernst Mach 60 bottom left. **Sutton Nicholls**, *Monument to the Great Fire of London*, c.1753 25 bottom right. **Science & Society Picture Library**/Science Museum 37 bottom right, 49, 90 top right, 91, 99 bottom right. **Science Photo Library**/Alfred Pasieka 113; Mark Garlick 123 bottom left; Ted Kinsman 115 center left; Mehau Kulyk i center; New York Public Library 21, 58 bottom; Davic Parker 81 center right; Detlev van Ravenswaay 100, 110; Volker Steger 61 bottom; Sheila Terry 57; BICEP2 Telescope; NSF/Steffen Fichter/Harvard University 112 **Shutterstock.com**/117 bottom left; argus 114 bottom center right, 120 background; Esteban de Armas 115 bottom center right; Binkski 4-5 center; Catmando 110; Andrea Danti 97 top right; Goran Djukanovic 118; Igor Golovnlov 127 top right; Alex Kalmbach 114 bottom left; koya979 83 top right; Peter G. Pereira 3 center right, 105; maisicon 108; Morphart Creation 13 center right, 14 top right, 24 top right, 54 bottom center; Maks Narodenko 28 bottom right; Werner Stoffberg 115 bottom left; Andrey Sukhachev 114 bottom right; weagle95 1 top right, 103; Rob Wilson 122 top right. **Thirkstock.com**/6 bottom right, 7 left, 10 top left, 19 bottom left; Dorling Kindersley RF 5 right, 68 top left, 81 top left, 127 top left; iStockphoto 32, 43 top left, 50 center, 73, 85, 116 bottom right, 119, 122 bottom left; 124; Ryan McVay 56 center right; Photodisc 18 top right; Photos.com 4tr, 14 bottom left, 23 top right, 30 bottom, 33 top left, 34 top left, 39 top left, 52 bottom left, 63 bottom right, 70 top right, 126 bottom right, 129 bottom right. **U.S. Department of Energy** 5 top left, 102 top right. **U.S. Nuclear Regulatory Commission** 94. **U.S. Navy** Photographer's Mate 3rd Class, Jonathan Chandler 60 top. **Bartolomeu Velho**, *Cosmographia*, **1568** 10 bottom right. **wallz.eu** 99 top left. **Roy Williams** 87 top left, 114 bottom center left, 115 bottom center, bottom right, 123 top right; Front and Back Cover: Science Photo Library; Visuals Unlimited; Carol & Mike Werner. Back Cover Background: Shutterstock.com; R2D2.

年 表

Alamy/INTERFOTO; The Print Collector. **Corbis**/Bettmann; Stefano Bianchetti; DK Limited; Rune Hellestad; Reuters/Sean Adair; Reuters/Dan Lampariello; Francis G. Mayer; Science Photo Library/Mehau Kulyk. **Dreamstime.com**/Jaroslav Bartos; Luis Manuel Tapia Bolivar. **Edgar Fahs Smith Image Collection, Rare Book and Manuscript Library, University of Pennsylvania**. **Mary Evans Picture Library**/AISA Media; Everett Collection; Glasshouse Images; Grosvenor Prints; Iberfoto/BeBa; INTERFOTO; INTERFOTO AGENTLR; INTERFOTO/Toni Schneiders; Pump Park Photography; Rue des Archives; SZ Photo. **Image courtesy of the History of Science Collections, University of Oklahoma Libraries**. **iStockphoto.com**/Karl-Friedrich Hohl. **Library of Congress, Washington, D.C.**/Brady-Handy Photograph Collection; Warren K. Leffler; Matson Photograph Collection. **Harriet Moore**. **NASA**/JHU/APL; MSFC; M. Weiss (Chandra X-Ray Center). **Science & Society Picture Library**/Science Museum, London. **Shutterstock.com**/DVARG; Lludmila Gridna; Ale Justas; Atliketta Sangasaeng. **Thinkstock.com**/Dorling Kindersley RF; Hemera; iStockphoto; Photodisc; Photos.com. **U.S. Navy**/Ensign John Gay. **Roy Williams**.

歴史を変えた100の大発見
物理──探究と創造の歴史

平成29年1月30日　発行

監訳者　新　田　英　雄

発行者　池　田　和　博

発行所　丸善出版株式会社
〒101-0051 東京都千代田区神田神保町二丁目17番
編集：電話(03)3512-3261／FAX(03)3512-3272
営業：電話(03)3512-3256／FAX(03)3512-3270
http://pub.maruzen.co.jp

© Hideo Nitta, 2017

組版印刷・製本／藤原印刷株式会社

ISBN 978-4-621-30134-0　C 0342　　　　Printed in Japan

本書の無断複写は著作権法上での例外を除き禁じられています.